Especial Beyond

The Chocolate

더 초콜릿

한국초콜릿연구소 지음

박영도 소장 / 김정하 이사 / 황연숙 수석연구원 / 김정은 수석연구원

🔴 **북마크**

Especial Beyond

The Chocolate

더 초콜릿

한국초콜릿연구소 지음

박영도 소장 / 김정하 이사 / 황연숙 수석연구원 / 김정은 수석연구원

북마크

A부터 Z까지, 초콜릿에 관한 모든 것을 담아낸

초콜릿백과

한창 나이에 외국 여행을 다니다 영국에서 우연히 수제 초콜릿 맛을 본 적이 있다. 어느 한적한 시골 마을의 백발이 성성한 할머니가 만든 것이었다. 할머니는 마치 구멍가게 같은 작고 허름한 곳에서 홀로 초콜릿을 만들고 계셨는데, 그 모습이 지극히 평화로워 보였다.

그때 할머니가 건넨 초콜릿은, 그동안 슈퍼마켓에서 사서 먹었던 초콜릿과는 차원이 달랐다. 달콤하면서 쌉싸래한 신비스러운 맛에 그만 정신이 아찔했던 기억이 아직도 생생하다. 무엇보다 할머니는 내게 평생 잊지 못할 명언을 남기셨는데, 어쩌면 그 말씀이 지금의 한국초콜릿연구소를 있게 했다 해도 과언이 아닐 게다.

"초콜릿은 도도하고 까탈스러운 여자와 같아. 그러니 섬세하게 다뤄야 해."

그랬다. 초콜릿은 매우 섬세한 음식이었다. 실제로 초콜릿을 만들어본 쇼콜라티에라면 이 말이 무슨 의미인지 이해할 것이다. 미세한 온도와 습도의 차이에 따라 모양새는 물론 식감까지 달라지는 게 바로 초콜릿이기 때문이다.

다양한 이야깃거리와 함께 생초콜릿인 Raw초콜릿을 비롯해 고급 수제초콜릿인 파인초콜릿이 발달한 유럽에 비해 우리나라의 초콜릿 시장은 아직 걸음마 수준이다. 처음부터 설탕과 버터로 버무린 가공 초콜릿이 유입되는 바람에 입맛이 잘못 길들여진 탓이다. 마치 달달한 다방커피가 원두커피보다 먼저 들어와 커피시장을 장악했던 것처럼 말이다.

하지만 외국 여행을 다니면서 고급 수제초콜릿을 맛본 사람들이 점점 늘어나면서, 우리나라에도 풍미가 짙고 고급스러운 수제초콜릿을 선호하는 이들이 많아지고 있다. 이렇게 고급 초콜릿 문화에 대한 관심이 증가하고 있음을 보여주는 증거가 바로 우리나라에 고디바 초콜릿이 상륙했다는 점이다.

지난 2013년 서울 강남구 삼성동 현대백화점 안에 벨기에의 유명 초콜릿인 고디바 매장이 입점을 했다. 세계 초콜릿 시장을 석권한 대표 브랜드인 고디바라면, 한국 입점을 결정하기 전까지 얼마나 깐깐하게 시장 조사를 했겠는가. 그 결과 한국에서도 상당한 수요를 기대할 수 있다는 판단이 섰기에 들어섰음이 분명하다.

언젠가 한 어르신께 이런 말을 들었다.

"국민소득이 1만 달러가 넘으면 통닭집이 늘어나고, 2만 달러가 넘으면 해외여행을 떠나는 국민들이 늘어난다. 그리고 3만 달러가 넘으면 초콜릿 문화가 발달한다."

그때 "그럼 4만 달러를 넘으면요?" 하고 묻자 그분은 허허 웃으며 "4만 달러도 초콜릿이야" 하고 답했다.

그렇다면 국민소득 3만 달러의 초콜릿과 4만 달러의 초콜릿은 무엇이 다를까? 당연히 그 질이 다르다. 3만 달러 때보다 더 고급스러운 초콜릿과 그 문화를 향유하고자 하는 욕구가 늘어나는 것이다.

이 말은 단순한 우스갯소리가 아니다. 국민소득이 올라갈수록 사람들은 단순히 허기를 채우기 위해 음식을 찾는 것이 아니라 그 음식과 함께 즐길 수 있는 문화와 예술을 찾는다는 건 자명한 사실이기 때문이다.

한국초콜릿연구소는 식감이 황홀한 초콜릿, 몸과 마음을 건강하고 윤택하게 만들어주는 초콜릿을 직접 만드는 것은 물론, 쇼콜라티에를 꿈꾸는 이들을 전문적으로 교육시키기 위해 만들어졌다. 이 책에는 지난 2008년부터 우리가 연구하고 발견하고 창조해낸 초콜릿에 관한 모든 것이 담겨 있다. 초콜릿에 관한 세계의 역사와 문화, 잘못 알려진 상식은 물론 초콜릿 레시피까지 총망라했다. 부디 초콜릿을 사랑하고 이해하며 배우고자 하는 독자들에게 귀하디귀한 양서가 된다면 우리로서는 더할 나위 없는 영광이겠다.

2014년 1월
한국초콜릿연구소 소장 **박 영 도**

contents

초콜릿의 역사

1장

카카오를 신성시하는 고대인의 모습은 마야 문명의 벽화에서도 찾아볼 수 있다. 오늘날의 하드 타입 초콜릿과 달리 옛날의 초콜릿은 갈아서 으깬 카카오 원두를 끓인 다음 녹말가루와 향신료 등을 섞은 걸쭉한 음료 타입이었다. 당시의 카카오는 일반 대중들이 범접할 수 없는, 매우 귀한 대접을 받는 귀족적인 음식이었다.

신께 바치는 음료,
아스텍 · 마야의
'카카오'

일 년 중 가장 달콤한 날은 언제일까? 아마도 뭇 여성들이 가슴 설레며 자신의 사랑을 초콜릿에 담아 고백하는 밸런타인데이 아닐까?

밸런타인데이의 탄생 유래는 여러 가지가 있는데, 이 가운데 가장 가슴을 울리는 이야기는 그리스도교의 성인 밸런타인에 관한 것이다.

3세기경 로마의 황제 클라우디우스는 전쟁에 나갈 군인을 모집하기 위해 결혼 금지령을 선포했다. 그러나 밸런타인은 황제의 금지령을 어기고 사랑하는 연인들을 결혼시켜주었고, 결국 그 죄로 269년 2월 14일에 순교를 하고 말았다. 이후 밸런타인의 순교일을 축일로 지정하여 젊은 연인끼리 사랑의 메시지를 담은 편지와 선물을 전하는 풍습이 생겼다. 이날은 평소 좋아했던 남자에게 여자가 사랑을 고백하는 것이 허락되었으며, 점차 사랑을 담은 초콜릿을 건네는 연인들의 달콤한 날로 자리 잡게 되었다.

자, 그렇다면 이 달콤한 날에 건네는 큐피드의 화살과도 같은 초콜릿의 기원은 어디에서 출발하는 것일까?

신들이 마시던 신성한 음료

초콜릿의 역사는 지금으로부터 약 3,000년 이전, 카카오나무를 경작하던 멕시코와 중앙아메리카, 남아메리카 지역에서 첫 페이지가 시작된다. 카카오나무의 이름은 1720년 스웨덴의 식물학자 린나에우스(Linnaeus)가 'Theobroma Cacao'라 명명한 데서 기인한다. 그리스어로 'Theo'는 신을, 'broma'는 음식을 의미한다. 즉 카카오는 '신들의 음식'이라 불릴 만큼 많은 사랑을 받아왔던 것이다.

카카오를 신성시하는 고대인의 모습은 마야 문명의 벽화에서도 찾아볼 수 있다. 오늘날의 하드 타입 초콜릿과 달리 옛날의 초콜릿은 갈아서 으깬 카카오 원두를 끓인 다음 녹말가루와 향신료 등을 섞은 걸쭉한 음료 타입이었다. 당시의 카카오는 일반 대중들이 범접할 수 없는, 매우 귀한 대접을 받는 귀족적인 음식이었다.

기원전 1,500년경 멕시코만 연안의 베라크루스 남부와 타바스코 지역을 중심으로 고대 멕시코에서 처음으로 문명을 형성시킨 올멕(Olmec)족이 카카오 원두를 갈거나 빻은 다음 물에 타서 음료 형태로 마시기 시작한 것이 초콜릿의 기원이다.

올멕족은 '카카후아틀'(Cacahuatle)을 음료로 마셨을 뿐만 아니라 여러 음식의 첨가제로도 이용하였다. 카카후아틀은 '카카오 물'이라는 뜻이다. 이러한 사실들은 기원전 1,100~1,400년 사이에 온두라스의 푸에르토 에스콘디도 지방에서 카카오 경작이 이루어졌다는 증거와 함께 초콜릿 잔여물이 묻은 토기 등의 발견을 통해 유추할 수 있다. 또 벨리즈에서도 기원전 600~400년경으로 추정되는 토기에서 초콜릿 잔여물이 발견되었고, 과테말라 지역의 고대 마야 토기에서도 고고학자들에 의해 같은 흔적이 발굴되었다.

강장제이자 최음제

카카오의 원산지인 멕시코 유카타 반도에 자리한 마야 문명과 중부에서 꽃피운 아스텍 문명에서도 올멕족과 마찬가지로 카카오를 신의 음식으로 여기며 마법의 힘이 있다고 생각하고 궁극의 경의를 표했다. 마야인과 아스텍인들은 카카후아틀을 원기를 북돋워주고 영양을 보충해주는 귀한 음식으로 여겼다. 그리고 여기에다 바닐라와 칠레 고추, 옥수수 분말, 과일 그리고 꿀 등을 섞어 마시며 건강 증진과 강장 효과를 누렸다고 전해진다. 특히 아스텍의 몬테수마(Montezuma) 황제는 이 쓰디쓴 카카후아틀을 여인들을 만나러 가기 전에 스태미나식으로 여러 잔 마셨을 뿐만 아니라, 매일 금잔으로 50잔씩 빠지지 않고 마셨다고 하니 역사상 가장 많은 양의 초콜릿을 먹은 사람이 아닐까 싶다.

신의 음식으로서 황제의 사랑을 듬뿍 받은 카카오, 즉 카보스는 아스텍 문명에서 사람의 심장을 상징하는 것이었다. 카카오 열매로 만들어진 드링크 타입의 초콜릿은 사람의 피를 상징하였고, 인신 공양을 대신하여 제사에 바치는 희생 제물이었다. 또한, 한 해에 한 번 가장 아름다운 노예를 살아있는 제물로 쓰는 의식에서는 제물로 결정된 노예에게 죽기 직전 몇 주 동안 신경 안정제로써 카카후아틀을 주었다.

상류사회의 결혼식에서는 신랑 신부가 카카후아틀을 최음제 대용으로 오늘날의 샴페인처럼 교환하여 마셨으며, 아이들은 이것으로 세례를 받았다. 이뿐만 아니라 나라를 위해 싸우러 나가는 전사들에게 한 잔씩 마시게 함으로써 중추신경을 자극하여 두려움을 떨칠 수 있도록 활용하기도 했다.

이처럼 남미의 마야 문명과 아스텍 문명에서 신의 음식으로 대접을 받았던 카카오 원두는 '갈색 금'으로 일컬어지며 세금과 공물에 사용되는 귀하고 값비싼 화폐의 기능도

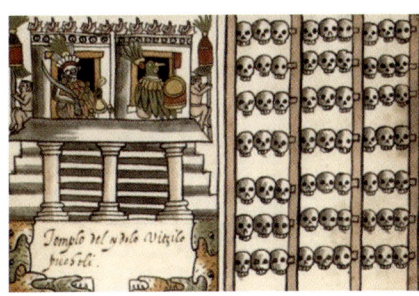

마야의 인신 공양.

결혼식과 초콜릿.

갖고 있었다. 16세기에 아메리카 대륙을 건넌 스페인 사람 곤사로 페르난데스 데 오비에드이 바르테스의 기록에 따르면 카카오 원두 10알은 토끼 한 마리, 카카오 원두 100알은 노예 한 명과 상응하는 가치를 지녔다고 한다. 따라서 당시 카카후아틀은 말 그대로 '돈'을 마실 만큼 여유를 가진 부유층의 특권이었으며, 카카오 음료는 주로 지배층의 사치품이나 의식용으로 소비되었다.

참고로 카카오의 복잡한 과거와 역사에 흥미를 느낀 분이라면 소피 도브잔스키 코와 마이클 도브잔스키가 함께 쓴 ≪초콜릿 신들의 열매≫(The True History of Chocolate)를 읽어볼 것을 권한다.

카카오가
유럽으로
건너가기까지

카카오의 효시는 적도 부근의 중앙아메리카에 위치한 멕시코에서 찾을 수 있지만, 정작 멕시코를 대표하는 초콜릿이 무엇인지를 떠올려보면 딱히 없다. 초콜릿을 처음 유럽에 소개한 스페인 역시 마찬가지. 아마도 초콜릿 하면 생각나는 이미지는 대부분 스위스와 기타 유럽 제품일 것이다. 카카오는 어떻게 대서양을 건너 유럽 전역에서 사랑을 받게 된 것일까?

시작은 향신료를 찾기 위한 항해

예부터 고기보다는 채소 위주의 음식이 올라오는 동양의 식탁은 다채롭고 풍요로웠지만, 고기를 즐겨 먹는 유럽인의 식탁은 짠맛 또는 싱거운 맛만 있는 '검은 테이블'이라 불릴 정도로 무미건조하였다.

그러던 어느 날, 인도에서 넘어온 향신료가 고기 특유의 누린내를 억제할 뿐만 아니라 고기의 풍미가 더욱 좋아진다는 것이 알려지면서 향신료 수요가 급증하게 되었다. 이에 따라 15세기 유럽의 각 나라들 사이에서는 향신료를 얻기 위한 전쟁이 시작되었다.

오늘날에는 후추 1킬로그램의 가격이 대략 1만 원 정도에 불과하지만, 당시 후추 1킬로그램은 금 1킬로그램과 같은 가격으로 거래되었으니, 향신료 전쟁은 곧 금의 전쟁이나 마찬가지였던 셈이다.

당시 스페인은 인도와의 향신료 교역에서 너무나 변방이었다. 인도의 향신료를 손에 쥐기까지 수많은 나라를 거쳐야 했기 때문에 높은 관세를 물어야 했고, 엎친 데 덮친 격으로 향신료를 탐내는 도적의 습격까지 빈번했다. 이처럼 유럽의 향신료 공급 루트에서 지리적으로 열세였던 포르투갈과 스페인이 마침내 육로 무역의 종지부를 찍게 된 계기는 광대한 세력으로 지중해 동부를 평정한 오스만제국의 출현이었다.

15세기 중반 발칸 반도와 소아시아, 흑해와 에게해를 장악한 오스만 제국은 유럽과 아시아 간의 육로 무역을 단절시켰고, 페인과 포르투갈은 그 대안으로 대서양을 이용한 해상 무역로를 개척해야 하는 운명에 내몰리고 말았다. 다행히 하늘이 무너져도 솟아날 구멍이 있다고, 때마침 지구가 둥글다는 가설이 확산되고 있던 터라 스페인과 포르투갈은 대서양 건너편을 향해 각각 배를 띄웠다. 지리적 열세였기 때문에 오히려 도전적일 수 있었던 스페인과 포르투갈이 서로에게 시기와 질투를 느끼며 해상 무역 경쟁에 돛을 단 것이다.

카카오를 얻어 금의환향한 콜럼버스

1492년 대서양을 건너 아메리카에 첫발을 내디딘 사람은 바로 크리스토퍼 콜럼버스. 콜럼버스는 지금의 스페인인 에스파냐 왕실로부터 후원을 받은 이탈리아의 탐험가였다.

콜럼버스가 거머쥔 행운은 신대륙 발견만이 아니었다. 아메리카에 살고 있던 원주민은 저항은커녕 오히려 극진한 환대를 베풀었기 때문에 콜럼버스는 아무런 힘도 들이지 않고 금은보화까지 실어 나를 수 있었다.

인디언들이 외부 침략자에게 이처럼 모순적인 행동을 취한 이유는 '얼굴이 하얀 사람이 하늘에서 내려와 인디언들을 부유하게 해주리라' 하는 그들의 전설 때문이었다. 이러한 전설로 말미암아 인디언들은 머지않은 미래에 자신들에게 닥칠 참담한 미래는 예상치도 못한 채 침략자를 신으로 오인하고 환대를 해주었던 것이다.

원주민이야 어찌 되었든 콜럼버스는 문자 그대로 금의환향하여 에스파냐 왕실로부터 영웅 대접을 받았다.

그 이후 세 번의 항해를 더 감행한 콜럼버스는 1502년, 네 번째 아메리카 항해에서 마야 문명의 발상지인 유카탄 반도의 원주민에게 빼앗은 카누에다 금은보화와 함께 실려 있던 카카오 열매를 가지고 돌아왔다. 바로 이 카카오 열매가 역사상 처음으로 유럽에 전해진 카카오였으며, 이는 카카오의 전파 경로가 스페인의 신항로 개척과 맥을 같이 하고 있다는 것을 보여주는 사건이다.

하지만 유럽인으로서 처음 카카오를 접했지만 별 관심이 없었던 콜럼버스와 마찬가지로 스페인 사람들 역시 처음 보는 카카오에 대해 별다른 호응이 없었다. 오히려 당시의 '핫 초콜릿'은 서양 사람의 혀에 충격적인 괴로움으로 다가왔다. 오죽하면 이탈리아의 항해가 지롤라모 벤조니(Girolamo Benzoni)가 1565년 ≪신세계의 역사 ≫(A History of New World)라는 자신의 저서에서 '초콜릿은 사람보다는 돼지에게 어울리는 먹기 괴로운 음료'라고 기록했을 정도였다.

상류사회 귀부인들이 열광한 초콜릿

에르난 코르테스.

1502년 콜럼버스를 통해 처음 소개되었을 당시 주목받지 못했던 카카오의 가치를 스페인 귀족사회에 뚜렷이 각인시킨 사람은 스페인의 귀족이자 아스텍 왕국의 정복자였던 에르난 코르테스이다.

앞서 말한 초콜릿 마니아 몬테수마 황제를 기억하는가? 1519년 에르난 코르테스가 아스텍 왕국을 정복할 당시 아스텍의 황제가 바로 매일 금잔으로 50잔의 핫 초콜릿을 흡입하던 몬테수마의 증손자 몬테수마 2세였다.

카카오 원두의 쓰임새를 전혀 몰랐던 코르테스는 아스텍 원주민의 환대를 받으면서 카카오에 많은 관심을 갖게 되었다. 그리고 서서히 카카오가 피로회복에 뛰어난 효능을 가졌다는 것을 알게 된 코르테스는 카카오 음료 덕분에 자신의 군대가 정복 활동을 빨리 진행할 수 있었다고 스페인 왕실에 보고했다. 그 후 탐험을 마친 코르테스는 스페인 왕실에 카카오 원두를 헌납하였고, 이때 초콜릿 음료 제조법이 함께 전파되면서 스페인 귀족층에 큰 인기를 얻게 되었다.

초콜릿의 인기는 17세기 중반 프랑스와 이탈리아, 포르투갈, 영국 등 전 유럽으로 확산되었다. 특히 상류사회의 귀부인들은 카카오에 열광하였다. 도미니크회 수도사 토마스 게이지의 기록을 보면 당시 카카오의 인기가 어느 정도였는지 여실히 드러난다.

"한때 멕시코의 산 크리스토발 데라스카사스에 사는 부인들은 기분을 상승시키는 효과를 가진 핫 초콜릿을 메이드를 시켜 가져오게 하지 않으면 교회의 대미사에 처음부터 끝까지 참여할 수 없다고 주장했다. 하지만 초콜릿의 '최음효과'를 염려한 사제는 교회 내에서 핫 초콜릿을 마시는 건 건전하지 못한 일이라고 노여워하며 교회 내에서 핫 초콜릿 마시는 것을 금지했다. 그러자 부인들은 결국 교회를 떠났고, 훗날 그 사제는 살해를 당하고 말았다. 사인은 바로 독을 넣은 초콜릿 드링크였다고 알려져 있다."

이처럼 상류사회에서의 카카오 원두 수요가 나날이 높아지자 스페인은 카카오 사업을 독점하면서 엄청난 부를 축적하는 동시에 전성기를 맞이하게 되었다. 유럽의 다른 나라들도 앞을 다투어 멕시코와 베네수엘라, 브라질 등의 식민지에서 아프리카인 노예 노동을 통해 농장을 운영하며 카카오를 유럽에 공급하기 시작했다.

필리핀에 카카오를 전한 마젤란

이탈리아 사람이지만 스페인 왕실의 후원을 받은 크리스토퍼 콜럼버스와 마찬가지로 포르투갈의 탐험가 페르디난드 마젤란도 시대의 흐름에 합류하기를 원했다.

페르디난드 마젤란.

포르투갈 하급 귀족의 아들로 태어난 마젤란은 해상 무역의 패권을 차지하기 위해 스페인과 경쟁을 벌이던 포르투갈의 신항로 개척에 출사표를 던졌지만, 포르투갈 왕실에서는 세 번이나 후원 요청을 거절했다. 결국, 마젤란은 고국인 포르투갈을 등지고 스페인 왕실로부터 트리니다드와 산안토니오, 콘셉시온, 빅토리아, 산티아고 등 다섯 척의 함선을 하사받았다. 다섯 척의 함선으로 이루어진 몰루카 함대에는 포르투갈과 에스파냐, 이탈리아, 프랑스, 그리스와 영국 등 여러 나라에서 온 237명의 선원이 타고 있었다.

그러나 마젤란은 왜소하고 볼품없는 외모 때문이었는지 혹은 어눌한 에스파냐어 실력 때문이었는지, 가엾게도 신임을 얻지 못했다. 잘못된 지도를 건네받은 마젤란은 남쪽으로 15도 틀어진 곳으로 뱃머리를 돌리게 되었는데, 당시 그곳은 포르투갈의 영역에 해당되었다.

스페인의 후원을 받아 원정에 나선 마젤란은 포르투갈의 입장에서는 매국노와 마찬가지였고, 실제로 원정을 중단하라는 포르투갈의 제안을 거절한 마젤란에게는 사형 판결이 내려진 상태였다.

이 때문에 마젤란은 여러 군데의 귀착지에서 물과 식량을 얻지 못했고, 대여섯 번째 귀착지에 가서야 겨우 물과 식량을 얻을 수 있었다. 여기에다 부하들의 반란과 거센 폭풍우까지 겹쳤지만, 이 모두를 이겨낸 마젤란은 출항 4개월 만인 1519년 12월에 남아메리카 대륙에 도착했다. 마젤란은 항해를 할 수 없는 추운 겨울부터 10개월간 휴식을 취하면서 아메리카 대륙을 남하하여 인도 쪽으로 뱃머리를 돌릴 계획을 세웠다. 태평양을 대서양 정도의 작은 바다로 착각했기 때문에 세워진 위험한 계획이었다.

식량 보급을 맡고 있던 산안토니오호가 단독으로 본국에 귀환하는 악조건 속에서도 마젤란은 아메리카 대륙을 남하하여 남아메리카의 끝부분을 경유하는 항로를 강행했다. 만과 반도가 어지러이 교차하는 480킬로미터의 미로 같은 물길을 헤매는 나날이 38일간 지속되었다(이 지점은 훗날 마젤란 해협이라 이름 붙여졌다).

마젤란은 이 해협을 지나 유럽인 최초로 낯선 바다에 들어서게 되었는데, 이 바다가 바로 태평양이다. '광활하고 평평하다'는 뜻을 가진 태평양(太平洋)의 이름에 걸맞은 2만킬로미터의 망망대해를 헤매는 동안 선원들은 밧줄에 매달려 있는 가죽을 삶아 먹을 정도로 굶주림에 시달렸다.

온갖 고초를 겪은 마젤란의 함대는 1521년, 마리아나 제도의 '괌'에 상륙을 하게 되었다. 그리고 마젤란은 필리핀의 사마르 섬과 리마사와 섬에 십자가를 세우고 필리핀이 스페인 필립 왕의 소유임을 선언함과 동시에 펠리피나스 (Felipinas)라는 이름을 붙였다. 이것이 바로 1571년부터 1898년까지 약 327년간 이어진 필리핀 식민지배의 시발점이 되었다.

또한 이 시대는 바로 카카오가 이식되는 시기이기도 했다. 카카오의 전파 경로가 스페인의 신항로 개척과 맥을 같이 한다는 사실을 입증해주는 또 하나의 사건이라 할 수 있다.

흔히 최초로 세계일주를 한 사람으로 마젤란을 꼽지만, 사실 마젤란은 필리핀에서 마크탄(mactan) 부족의 라푸라푸 추장이 쏜 화살에 맞아 목숨을 잃고 말았다.

마젤란이 우호 관계에 있던 세부와 그의 적대국인 마크탄 부족과의 전쟁에 끼어들었다가 치명적인 실수로 목숨을 잃게 되자 남은 부하들은 말레이시아인 노예의 도움으로 항해를 이어 나갔다. 필리핀과 가까운 곳에 고향을 둔 말레이시아인 노예의 기억을 바탕으로 방향키를 잡을 수 있었던 것이다. 따라서 엄밀히 말하면 세계일주를 완벽하게 한 사람은 3년 만에 스페인의 세비야항으로 돌아온 빅토리아호의 나머지 선원 18명인 셈이다. 그러나 마젤란은 포르투갈 함대에 있을 당시 아프리카의 희망봉을 거쳐 필리핀 아래쪽 인도네시아 몰루카 제도까지 항해한 적이 있으므로 그것을 마지막 항해와 합쳐 지구를 한 바퀴 돈 것으로 인정하고 있다.

마젤란의 세계일주를 통해 지구가 둥글다는 사실과 태평양의 존재가 밝혀지게 되었고, 페르디난드 마젤란이란 이름은 최초의 세계일주자로 기록되었다. 또한 18명의 선원이 타고 온 빅토리아호는, 행색은 초라하기 짝이 없었으나 그 안에 실린 금은보화와 향신료, 특히 그중에서도 유럽에서 최고의 가치를 지니는 정향은 3년간의 항해에 들어간 비용을 빼고도 막대한 이익을 남길 만한 양이었다고 한다.

비록 마젤란의 부하들은 세계사에 이름을 올리지 못했지만 부자로 여생을 마쳤을 터이니, 세계사에 이름을 남겼지만 살아생전 부는커녕 매국노 취급에다 산전수전 다 겪고 비명횡사한 마젤란에 비하면 꽤 괜찮은 보상을 받은 항해가 아니었을까 싶다.

노예를 따라 서아프리카로

필리핀은 유럽에 처음으로 코코아를 전파한 스페인에게 약 327년간 식민통치를 받으며 카카오를 이식한 역사를 가지고 있지만, 오늘날 필리핀의 카카오는 스페인과 마찬가지로 유명한 편이 아니다. 세계적으로 카카오 생산국의 점유율을 살펴보면 아시아에서는 인도네시아가 13퍼센트, 말레이시아가 1퍼센트를 차지하며, 필리핀은 그 밖의 기타 국가에도 포함되지 않는다. 현재 전 세계 총 생산량의 70퍼센트를 차지하고 있는 곳은 서아프리카다.

서아프리카에 카카오 농장이 생기기 시작한 계기는 아메리카로 팔려갔던 아프리카인 노예들이 다시 아프리카로 건너올 때 가져온 카카오였다. 다행히 생육조건이 잘 맞아떨어졌던 것이다.

1879년, 골드코스트(Gold Coast)로 불렸던 가나에서의 성공을 기점으로 코트디부아르가 38퍼센트, 카메룬과 나이지리아가 각각 5퍼센트를 차지하는 등 서아프리카의 카카오 재배는 빠른 속도로 확산되었다. 전 세계 카카오 생산량의 21퍼센트를 차지하고 있는 가나에서는 1,000세디 지폐에 카카오를 가공하고 있는 그림이 들어갈 정도로 카카오 재배가 국가산업으로 자리 잡았다.

반면 카카오의 요람인 멕시코는 카카오나무에 병이 돌면서 멕시코 전역의 카카오나무가 거의 멸종위기에 놓이는 바람에 전 세계 카카오 생산량의 약 5퍼센트 정도밖에 차지하지 못하게 되었다.

똑같은 사과나무를 심어도 서울과 대구의 사과 맛이 다르듯, 카카오 또한 지역이 바뀌면서 변종이 되었다. 이렇게 생긴 새로운 종 가운데 하나가 포라스테였고, 이것이 포린의 어원이 되었다.

카카오 소비국은 주로 미국이나 독일, 영국, 프랑스, 러시아, 일본 등 아메리카나 유럽 지역. 따라서 생산국과 소비국이 완전히 다른 셈이다. 이 때문에 커피처럼 카카오에서도 공정무역이 이루어져야 한다는 목소리들이 커지고 있다.

나라별
초콜릿 문화의
특징

신항로 개척과 함께 전파된 카카오는 스페인을 시작으로 유럽의 여러 나라를 차츰 점령해 나가기 시작했다. 그러나 '여자의 변신은 무죄'라는 어느 광고 문구처럼 카카오는 각 나라의 문화와 당시 사회적 배경에 따라 전혀 다른 초콜릿으로 탈바꿈하여 제 길을 가게 되었다. 그리하여 오늘날 '밀크초콜릿' 하면 자연스레 스위스가 떠오르듯, 서로 다른 모양과 맛을 겸비한 초콜릿이 각 나라별로 다양한 색깔과 모습을 띠게 되었다. 그리고 국가별로 브랜드를 키워 나가면서 저마다의 이야기를 머금은 채 전 세계 사람들에게 달콤함을 선사하고 있다.

중세의 초콜릿을 맛볼 수 있는 스페인에서부터 장인의 손길이 느껴지는 프랑스, 국가산업으로까지 성장한 벨기에, 잔두야라는 새로운 유형의 초콜릿을 탄생시킨 이탈리아 그리고 초콜릿의 대중화를 이뤄낸 미국까지, 초콜릿은 다양한 모습으로 변주되었다. 그에 비하면 우리나라의 초콜릿 역사는 턱없이 짧은 데다 시작 단계에서 고급 초콜릿을 접하지 못한 점이 아쉽다.

초코라테에 추로스를 곁들이는 스페인

중앙아메리카 대륙의 카카오를 처음으로 유럽에 전파한 '초콜릿의 개척자'답게 스페인은 오늘날에도 카카오 음료 고유의 정신과 문화를 유지하고 있다. 이 때문에 여타의 유럽 국가들과는 다른 스타일의 초콜릿을 찾아볼 수 있는데, 그중 대표적인 것이 초콜릿 소스와 진한 초콜릿 드링크. 하드 타입의 초콜릿보다는 유서 깊은 초콜릿 하우스에서 초콜릿차를 마시며 정치나 예술을 논하던 문화가 여전히 남아 있는 것이다.

스페니시 초코라테(Spanish Chocolate)라 칭하는 걸쭉하고 쌉싸름한 초콜릿차와 추로스를 곁들여 먹는 게 일반적이다. 설탕을 뿌린 가늘고 긴 도넛인 추로스를 예쁜 머그잔에 담긴 초코라테에 풍덩 찍어 먹으면 아침 식사로 그만이다.

뿐만 아니라 스페인 사람들은 해장도 초콜릿으로 한다. 술에 지친 속을 초콜릿 국물로 해장하는 문화가 발달한 것. 스페인에 갈 일이 있다면, 꼭 초콜릿 하우스에 들러 다른 나라에서 맛보기 어려운 걸쭉하고 쌉싸름한 맛의 초코라테와 추로스를 음미하면서 아스텍 문명의 몬테수나 황제가 되어보는 것도 초콜릿을 공부하는 사람으로서 좋은 경험이 될 것이다.

전속 쇼콜라티에를 둘 만큼 초콜릿을 사랑한 앙투아네트

초콜릿을 프랑스에 전파한 사람은 루이 13세와 결혼한 스페인의 도트리슈 공주다. 스페인의 각종 문화와 문물을 프랑스로 가지고 간 도트리슈 공주는, 카카오 음료를 특히 좋아해서 프랑스의 귀부인을 초청한 파티에서 카카오 음료를 대접하곤 했다. 이를 계기로 프랑스 궁정에 유입된 초콜릿은 프랑스 귀부인들 사이에 폭발적인 호응을 얻으며 빠른 속도로 퍼져 나갔다.

초콜릿은 당시 귀족들도 쉽게 접할 수 없는 귀한 음식이었으며, 루이 14세 시대에 핫 초콜릿을 마시기 위한 모임에 초대받는 일은 매우 명예로운 일로 간주되었다.

이처럼 상류사회의 사교모임에서 즐기게 된 초콜릿은 왕족과 귀족들의 즐거움으로 자리 잡았고, 우리가 익히 잘 알고 있는 루이 16세의 왕비 마리 앙투아네트는 전속 쇼콜라티에를 둘 정도로 초콜릿을 사랑했다.

쇼콜라티에는 초콜릿을 뜻하는 프랑스어 쇼콜라(chocolat)에서 나온 말로 초콜릿을 만드는 사람, 즉 초콜릿 요리사를 의미한다. 우리나라에서는 아직까지 대중화된 직업이 아니지만, 유럽에서는 오랜 전통과 역사를 지니고 있다. 쇼콜라티에는 더욱 맛있고 멋스러운 초콜릿을 만들기 위해 노력하는 사람으로서 초콜릿 장인 혹은 초콜릿 공예가라 부르기도 한다.

가짜 초콜릿으로 골머리를 앓다

남미와 마찬가지로 초콜릿은 프랑스에서도 일반 서민들이 접하기 힘든 귀족들의 음식이었다. 따라서 서민들 사이에서는 비싼 초콜릿 대신 질이 좋지 않은 가짜 초콜릿이 난무하게 되었고, 이로 인해 프랑스 초콜릿의 질이 떨어지기 시작했다.

가짜 초콜릿은 비단 프랑스만의 문제가 아니었다. 바다 건너 영국에서는 벽돌가루를 넣은 적색 초콜릿을 만드는 일까지 발생했다. 그러자 프랑스 정부는 초콜릿 산업을 보호하고 초콜릿의 품질을 유지하기 위해 '초콜릿에 관한 법률'을 제정하고 가짜 초콜릿의 유통을 막기 시작했다. 또한 최고의 맛을 지키기 위해 초콜릿 장인을 육성했다. 이에 따라 수많은 쇼콜라티에가 그들만의 비밀스러운 조제 비법을 터득하고 전수하며 장인 정신을 이어 나가기 시작했다. 국가적인 제도 정비와 쇼콜라티에의 노력으로 프랑스의 초콜릿은 최고의 품질을 향해 진일보하게 되었고, 소비자들도 고품격 초콜릿을 먹을 수 있게 되었다.

프랑스는 이에 그치지 않고 1994년에 세계 최초의 초콜릿박람회인 살롱 뒤 쇼콜라(Salon Du Chocolat)를 파리에서 개최했다. 매년 10월에 열리는 살롱 뒤 쇼콜라에서는 세계적으로 유명한 쇼콜라티에의 작품을 감상할 수 있다.

프랑스의 수제 초콜릿 숍 세 곳

프랑스를 대표하는 수제 초콜릿 숍 중 하나로 라 메종 뒤 쇼콜라(La maison Du Chocolat)를 꼽을 수 있다. 라 메종 뒤 쇼콜라는 스위스 몽블랑에서 수련한 로버트 랭스(Robert Linxe)가 가스롱 르노트르와 파트너십을 맞춘 지 7년 만에 결별하고 1977년에 살 피에예(Salles Pieyelle) 콘서트홀 맞은편에 있는 낡은 와인 창고를 사들여 1호점을 오픈하면서 시작되었다.

라 메종 뒤 쇼콜라의 창업자
로버트 랭스.

라 메종 뒤 쇼콜라.

라 메종 뒤 쇼콜라의 메타테.

라 메종 뒤 쇼콜라의 로고인 메타테(la Metate)는 쭈그리고 앉은 채 카카오 열매를 밀대로 밀어서 파쇄하는 도구다. 18세기에 프랑스인 뒤뷔쏭이 서서 작업할 수 있는 작업대를 개발하기 전까지 사용되었던 메타테는 옛날 쇼콜라티에들의 작업환경이 얼마나 열악했는지 잘 보여준다. 즉, 메타테 로고에는 '초심을 잃지 말자'는 라 메종 뒤 쇼콜라의 장인정신이 깃들어 있는 셈이다. 라 메종 뒤 쇼콜라 오프 매장은 파리를 비롯해 런던, 뉴욕, 도쿄 등에서 만나 볼 수 있다. 아쉽지만 현재까지 우리나라에는 매장이 진출해 있지 않다.

다음은 보나 초콜릿(Bonnat Chocolat)이다. 펠렉스 보나(Felix Bonnat)가 1884년부터 가문의 이름을 따서 만든 보나 초콜릿은 대대손손 이어져 내려와 현재는 손자뻘에 해당하는 스테판 보나가 대표로 있다. 보나 초콜릿은 세계에서 가장 오래된 빈 초콜릿(bean chocolate)을 생산했고, 스위스에서 기계를 들여와 빈투바(bean-to-bar) 초콜릿을 생산한 것으로 유명하다.

마지막으로 마리 앙투아네트가 사랑한 드보브 에 갈레(Debauve & Gallais)가 있다. 루시 16세의 약제사였던 드보브는 피로회복과 심장질환 예방, 원활한 혈액순환, 각성제 역할과 집중력 향상 등 치료 목적의 초콜릿을 만든다.

드보브는 1800년에 첫 초콜릿 매장을 설립함으로써 프

보나 초콜릿.

보나의 현재 대표 스테판 보나.

보나 초콜릿 창업자 펠렉스 보나.

드보브 에 갈레.

프라이 초콜릿.

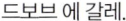
드보브 에
갈레 초콜릿.

랑스 최초의 쇼콜라
티에가 되었다. 마
리 앙투아네트는
특히 스페인의 옛 금화
모양을 본뜬 '피스톨'을 좋아하였으
며, 드보브 에 갈레는 왕실의 열렬한 호응을 받아 1819년
왕실 전용 초콜릿임을 나타내는 '프랑스 왕실 문장'의 사용
을 승인받았다. 이후 왕실에서 청색과 흰색을 고유색으로
지정해주었는데, 이는 1913년에 드보브 에 갈레의 정식 문
양으로 자리를 잡았다.

한편 드보브 에 갈레는 가난한 화가 반 고흐의 사랑도 한
몸에 받았다. 고흐가 이 초콜릿을 얼마나 사랑했는지, 자신
의 작품을 초콜릿과 바꿔 먹었다는 일화가 전해질 정도다.

1923년 조카인 화학자 앙트안 갈레가 합류하면서 건강
에 좋은 초콜릿을 연구하기 시작했고, 루이 18세와 찰스
10세, 루이 필립의 프랑스 왕실 공식 초콜릿 숍의 자리를
지켜냈다. 오랜 역사와 전통의 드보브 에 갈레는 세계 3대
초콜릿으로 꼽히기도 한다. 우리나라에는 청담동과 한남
동에 매장이 들어와 있다.

영국 군납으로 막대한 부를 일궈낸 프라이 초콜릿

스페인에서 유행한 마시는 초콜릿은 17세기 영국으로
넘어가 초콜릿 애호가 클럽을 탄생시켰다. 영국의 초콜릿
하우스는 귀족 계급과 신사 계급 그리고 새롭게 출현한 중
산층의 정치 및 문화의 중심 클럽으로 바뀌어 정치적 결단
을 내려야 할 위치에 있는 사람들의 토론 장소가 되었다.
그동안 귀족층의 전유물로 존재했던 초콜릿은 18세기 산
업혁명을 거치며 판형 스타일의 초콜릿이 공장에서 대량
생산됨으로써 토론의 메카가 된 초콜릿 하우스를 바탕으
로 대중화가 이루어지기 시작했다.

당시 큰 성공을 거둔 초콜릿이 프라이 초콜릿(Fry's
Chocolate)과 캐드버리 초콜릿(Cadbury's Chocolate)이
다. 영국 초콜릿 역사의 한 페이지를 장식한 프라이사와
캐드버리사의 창립자들은 모두 퀘이커 교도였다.

기독교의 한 종파인 퀘이커교는 사회개혁에 적극적으
로 관여했다. 이에 따라 많은 퀘이커 교도가 공장을 세우
고 사업을 시작했는데, 이 가운데 초콜릿을 주 아이템으로
한 것이 딱 맞아 떨어진 적절한 선택이 되었다. 퀘이커 교
도들은 당시까지 신체를 활성화시키는 음료로 인식되었

던 초콜릿을 많은 사람에게 전파해 도덕적으로 문제가 있는 알코올 음료를 대체하고자 했다.

1847년 판형 초콜릿의 보급으로 대중화가 이루어지고 있던 당시 프라이는 카카오에 설탕과 카카오 버터를 가해서 초콜릿을 성형하는 기술을 개발했다. 근대 초콜릿의 원형이 탄생한 것이다. 이후 프라이초콜릿사는 제1차 세계대전 기간 동안 영국 해군에 이를 납품하면서 막대한 부를 축적하게 되었다.

영국을 대표하는 양심기업, 캐드버리 초콜릿사

캐드버리 초콜릿.

오늘날에도 높은 인기를 구가하고 있는 캐드버리 초콜릿은 사회적 양심을 지키기 위해 많은 노력을 했다. 지나친 노동력 착취 때문에 명맥을 유지하지 못하고 많은 회사가 문을 닫은 가운데, 캐드버리 가문은 버밍엄 근교의 본빌에 종업원을 위한 주택과 식당, 독서실 등이 갖춰진 모델타운을 만들어 오늘날까지 명맥을 유지할 수 있었다.

캐드버리의 성공 요인 중에는 복지 혜택 이외에도 마케팅 효과를 꼽을 수 있다. 캐드버리 밀크초콜릿 가운데 크림으로 달걀의 흰자와 노른자의 색을 흉내 낸 달걀 모양의 캐드버리 크림 에그(Cadbury creme egg)가 있다. 이 제품을 달걀이라고 부르는 것도 적합하지 않지만, 초콜릿이라고 부르는 것도 적합하지 않다. 마치 초콜릿 안에 진짜 달걀이 들어간 것 같은 디자인은 소비자의 궁금증을 자아내고, 이것이 소비로 이어지는 효과를 가져왔다. 캐드버리 식의 성공적인 마케팅 사례라 할 수 있다.

캐드버리의 천재적인 마케팅은 꽤 오래전부터 이어지고 있다. 1868년에 발매된 최초의 선물용 초콜릿 박스는 초콜릿을 다 먹은 후에도 버리기 아까울 정도로 소장 가치가 높은 매력적인 상품이었다. 이것도 초콜릿 업계의 초창기 마케팅에서 커다란 성공 사례라 할 수 있다. 캐드버리는 지금도 세계의 주요 초콜릿 회사 가운데 하나로 영어권에서 가장 인기 있는 초콜릿을 생산하고 있으며, 규모가 큰 만큼 마케팅 예산도 어마어마하다.

벨기에에서 초콜릿 사업을 하는 중국 상인들

벨기에의 플랑드르 지방은 2세기 동안 스페인 제국의 지배를 받으며 카카오를 주성분으로 한 음료를 처음으로 개발한 지역이다. 벨기에는 유럽의 다른 국가로 가는 거점이었을 뿐만 아니라 물가와 인건비가 쌌기 때문에 17세기 말부터 최초의 초콜릿 제조업자들이 브뤼셀에 정착하여 초콜릿 산업의 페달을 밟기 시작했다. 벨기에는 초콜릿 이외에 별다른 국가산업이 없고, 심지어 관광상품도 초콜릿 이외에는 거의 없을 정도다. 하지만 그 위상에 조금씩 금이 가고 있다.

브뤼셀의 대표적인 관광명소인 오줌싸개 소년 동상은 그랑플라스 광장에 있다. 이 동상 주변에는 수많은 초콜릿 및 기념품 가게가 밀집되어 있는데, 오줌싸개 소년 동상과 가까운 가게의 매출이 가장 높다. 하지만 이 매장은 벨기에 상인이 아닌 중국 부호의 소유이다. 이 가게는 높은 수익을 올리기 위해 품질이 좋지 않은 저가의 초콜릿을 판매하고 있다.

이처럼 중국 상권이 들어오면서 벨기에 초콜릿의 품질이 하락했고, 국가 기반산업으로서의 가치도 점차 떨어지고 있는 추세다. 따라서 진정한 벨기에 초콜릿의 기반을 확고히 하기 위해서는 오래전 프랑스 정부에서 가짜 초콜릿 생산을 막기 위해 특별법을 제정했던 것과 같은 조치가 시급하다.

프랄린 초콜릿의 효시, 벨기에의 노이하우스

우리가 익히 알고 있는 고급스러운 벨기에 초콜릿은 어떻게 만들어지는 것일까?

벨기에는 초콜릿이 중대한 국가산업인 만큼 고디바(Godiva)와 레오니다스(Leonidas), 노이하우스(Neuhaus) 그리고 길리안(Gilian) 등 세계적인 초콜릿 브랜드가 많다. 이런 초콜릿 명가에서는 주로 몰딩을 이용한 프랄린(praline)이 대량 생산된다.

프랄린의 효시는 1857년 브뤼셀에서 문을 연 노이하우스다. 1912년 장 노이 하우스에 의해 처음 만들어진 프랄린은 견과류나 신선한 크림, 버터 등으로 속을 채운 뒤 초콜릿으로 이를 봉인한 것을 말한다.

프랄린은 현재 초콜릿 전문점에서 볼 수 있는 고급 핸드메이드 초콜릿의 효시라 할 수 있다. 오늘날에는 기본적으로 헤이즐넛을 베이스로 해서 최소한 50퍼센트 이상의 견과류가 들어간 고급 수제 초콜릿을 프랄린이라 부르기도 한다.

노이 하우스의 아내인 아고스티니는 프랄린이 부서지는 걸 막아주는 선물용 상자인 발로탱(ballotin)을 발명하여 프랄린 판매에 날개를 달았다.

다양하고 예쁜 디자인으로 사랑받는 노이하우스 초콜릿은 벨기에 왕실에서도 즐겨 찾았으며, 알베르 2세는 인증서까지 부여해주었다. 노이하우스는 전 세계 50여 개국에 진출해 있으며 우리나라는 청담동에 매장이 있다. 온라인으로도 구매할 수 있다.

노이하우스와 마찬가지로 100년의 전통을 지닌 벨기에 고급 수제 초콜릿 브랜드 레오니다스(Leonidas)는 당시까지의 시장 가격보다 훨씬 저렴한 초콜릿 상자를 발명했다. 이로 인해 업계 전체에 치열한 가격 경쟁을 불러일으켰고, 그 결과 모든 초콜릿의 품질과 가격이 떨어졌다. 그럼에도 오늘날까지 전 세계적으로 꾸준한 사랑을 받고 있는 레오니다스는 우리나라의 경우 명동과 신도림에 초콜릿 카페 형태로 입점해 있으며 초콜릿 드링크와 초콜릿 빙수, 퐁듀 등 다양한 형태의 고급 초콜릿을 맛볼 수 있다.

레오니다스.

노이하우스.

노이하우스 내부.

노이하우스에서 판매 중인 프랄린.

세계 최고의 초콜릿으로 각인된 고디바

벨기에의 3대 초콜릿 명가 가운데 또 하나 빼놓을 수 없는 것이 고디바(Godiva)다. 고디바는 1946년에 조셉 드랍스(Josept Draps)가 브뤼셀 그랑플라스 광장에 초콜릿 공장을 열면서 시작되었다. 벨기에에서 생산하는 프랄린 중 50퍼센트를 수출하고 있으며 도쿄와 뉴욕에도 공장이 있다. 파리와 영국, 독일, 미국, 일본, 홍콩 등 80여 개국에서 약 450개의 매장을 운영하는 고디바는, 세계 최고의 초콜릿이라는 슬로건 홍보가 성공하면서 세계적인 고급 브랜드 마케팅에서 선두를 달리고 있다.

어느 회사의 초콜릿 바이어로 일할 때 개최했던 초콜릿 워크숍에서 '가장 좋아하는 초콜릿이 무엇이냐'고 물었더니 스태프 중 상당수가 고디바를 좋아한다고 손을 들었다. 그리고 다시 그 이유를 물었더니 "고디바 초콜릿을 먹어보지는 못했지만, 세계 최고라고 알고 있습니다" 하는 대답이 돌아왔다.

고디바 초콜릿.

단편적인 이 사례만으로도 고디바의 마케팅 효과가 얼마나 탁월한지 알 수 있을 것이다.

여기에다 고디바 특유의 초콜릿 코팅법과 몰딩법을 이용한 정교한 디자인이 더해지면서 고디바의 달콤한 프랄린 초콜릿은 비싼 가격에도 소비자들의 수요가 결코 줄지 않는다. 또한 고디바는 명품 초콜릿에 걸맞은 고급스러운 마크와 포장으로도 눈길을 끌면서 브랜드 메이킹의 성공 사례로 손꼽힌다.

레이디 고비다의 정신을 담다

11세기 영국 중부에 위치한 작은 마을 코벤트리의 영주였던 레오프릭 백작은 매우 가혹하고 잔인한 영주였다. 그러나 불과 16세 정도의 어린 소녀였던

레이디 고디바.

그의 아내 레이디 고디바는 신앙심이 깊고 시민들을 진심으로 위하는 따뜻하고 숭고한 마음을 가지고 있었다. 나날이 가중되는 세금으로 인해 열악한 삶을 살고 있는 농민들의 모습을 딱하게 여긴 레이디 고디바는 50세가 넘은 자신의 남편에게 세금 경감을 요청했다. 레오프릭 백작은 그녀의 간청을 거절하였지만 그녀가 계속 세금 경감을 호소하자 불가능해 보이는 조건을 내걸었다. 알몸으로 마을을 한 바퀴 돌면 세금 감면을 고려해보겠다는 것.

그런데 레이디 고디바는 남편의 예상을 깨고 알몸으로 마을을 돌기로 약속했다. 이 사실을 알게 된 코벤트리 사람들은 그녀의 숭고한 뜻과 용기에 감사를 표하며 그녀가 수치심을 덜 느끼도록 그녀가 벌거벗고 마을을 도는 동안 아무도 밖에 나가지 않고 창문을 닫아걸기로 했다.

드디어 그녀가 긴 머리를 늘어뜨려 가슴을 가린 채 실오라기 하나 걸치지 않은 몸으로 말에 올라타 마을을 돌기 시작하였다.

그런데 마을 사람 모두가 이 시간이 빨리 지나가길 비는 사이 약속을 어기고 몰래 커튼을 들추어 나신의 레이디 고디바를 훔쳐보는 사내가 있었으니 그는 바로 양복 재단사 톰이었다. 그녀의 숭고한 대의(大義)를 성적 호기심으로 더럽힌 죄로 인해 벌을 받은 것일까. 톰은 그로부터 일주일 만에 눈이 멀어 장님이 되고 말았다. 그 이후로 엿보는 톰이란 뜻의 피핑 톰(Peeping Tom)은 엿보기 좋아하는 사람, 관음증 환자를 지칭하는 말로 쓰이게 되었다.

레이디 고디바의 진실한 마음에 감복한 레오프릭 백작은 그간의 악행을 뉘우치고 세금을 낮추어 코벤트리를 올곧게 다스렸다고 한다. 이후 2차 세계대전 당시 코벤트리는 독일군에게 무참한 폭격을 당했지만 레이디 고디바 못지않은 용기로 끝까지 항거하였다고 알려져 있다.

고디바 초콜릿의 설립자 조셉 드랍스는 이러한 레이디 고디바의 정신을 기리기 위해 초콜릿에 고디바라는 이름을 붙였다. 고디바 초콜릿의 마크 역시 레이디 고디바에서 모티브를 따온 것이다.

분말 카카오를 만들어낸 네덜란드

암스테르담의 화학자인 반 호텐(Coenraad-Van Houten)은 초콜릿을 곱게 간 덩어리에 압력을 가하여 생긴 미세한 구멍으로 카카오 덩어리만 추출한 후 남은 덩어리를 빻은 카카오 파우더를 개발했다. 달리 말하면 초콜릿에서 카카오버터를 제거하여 미세한 분말 형태의 초콜릿 제조법을 개발한 것이다. 간단하고 소화도 잘 되는 이 분말이 바로 '코코아'로 불리는 근대화된 초콜릿 음료다. 오늘날 우리가 네스퀵과 같은 분말 코코아를 타서 먹을 수 있게

된 것은 모두 반호텐 덕분이다.

반 호텐.

반 호텐은 새로운 지방 제거법과 더불어 알칼리염 처리법을 개발하여 초콜릿을 분말과 고체의 두 가지 형태로 대량 생산할 수 있도록 했다. 이를 계기로 네덜란드는 분말 카카오를 전문적으로 생산해내기 시작했다.

카카오는 발효 과정을 거치면서 커피보다 더 산성을 띠게 되므로 중성화 과정을 거치지 않으면 대중화하기 어렵다. 그러나 알칼리염 처리 방식을 거치면 맛이 좋아지는 것은 물론, 밝은 갈색이었던 분말의 색도 좀 더 진해지므로 전체적으로 제품력이 향상된다. 현재 시

벤스도르프.

중에서 우리가 보는 코코아 분말은 거의 알칼리화한 제품이다. 멋보다는 실리와 질을 중시하는 네덜란드 사람들의 실용주의가 초콜릿 제조에도 반영된 셈이다.

네덜란드의 대표적인 초콜릿 회사는 반 호텐(Van-houten)과 벤스도르프(Bensdorp), 드쟌(De Zaan), 제르켄스(Gerkens) 등이 있으며, 이 회사들이 생산하는 코코아 분말은 티라미수나 트러플을 만들 때 많이 쓰인다.

밀크초콜릿 하면 스위스

스위스는 18세기에 접어들어서야 처음으로 초콜릿을 알게 됐을 정도로 유럽에서 가장 늦게 '초콜릿 세상'에 발을 들여놓았지만 초콜릿 제조 방법을 혁신하여 세계 최초로 밀크초콜릿을 선보이며 초콜릿 소비량이 세계 제일인 초콜릿 나라로 급부상하였다.

린트 초콜릿.

스위스에서는 초콜릿 드링크에 뜨거운 우유를 부은 다음 꿀을 첨가해서 먹었는데, 영국에서 판형 초콜릿을 개발하자 이런 방식이 인기가 없어졌다. 그러다 1867년에 스위스 화학자인 앙리 네슬레가 우유의 증발을 이용한 탈수방법으로 분유를 발명했다. 네슬레는 1875년에 다니엘 페터와 손을 잡고 분유를 초콜릿에 첨가해보았다. 이미 정련법이 개발되어 있었던 터라 초콜릿 입자를 미세입자로 바꾼 상태에서 분유를 넣음으로써 세계 최초의 밀크초콜릿이 탄생했다. 네슬레는 이때 개발한 밀크초콜릿의 맛과 모양을 끊임없이 연구, 변형함으로써 오늘날 밀크초콜릿 하면 자연스럽게 스위스를 떠올릴 수 있을 정도로 발전시켰다.

스위스는 더 나아가 벨기에의 프랄린 초콜릿 속에 들어가는 견과류에 헤이즐넛을 첨가하는 등의 시도를 통해 스위스 초콜릿의 경쟁력을 높이기도 했다. 이런 까닭 때문인지 스위스의 초콜릿 포장지에는 헤이즐넛을 상징하는 그림이 많이 그려져 있다.

스위스의 기술적 혁신은 여기서 멈추지 않았다. 1879년

루돌프 린트는 콘칭법(Conching)을 발명해 초콜릿의 질을 한 단계 끌어올렸다. 콘치(Conche)란 카카오와 우유 그리고 버터 등을 반죽하는 기계를 말한다. 콘치를 이용해 섭씨 60도에서 70도 사이의 온도를 유지하면서 3일 밤낮에 걸쳐 충분히 반죽하는 공정을 거치게 함으로써 초콜릿의 향을 증진시키고, 산(酸)을 기화시켜 결이 촘촘하고 매끄러운 초콜릿을 만들어냈다.

또 1970년 이후에는 계측 기술의 발달 덕분에 카카오 성분이 서로 다른 여섯 개의 분자 구조로 되어 있다는 것을 알게 되었다. 그리고 이를 바탕으로 각 분자의 특징과 성질들을 규명하면서 적절히 온도를 조절하여 초콜릿에 얼룩이 생기지 않게 하는 적온처리법인 템퍼링(Tempering) 기법을 개발했다. 근대화 이전에는 리얼 초콜릿 제조 과정에서 온도를 잘못 조정하면 버터와 설탕의 온도 차이로 초콜릿 표면에 하얀 얼룩이 생겨 식감이 떨어졌지만 그 이유를 제대로 알 수 없었다. 그러나 템퍼링 기법이 개발되면서 카카오 버터가 많이 포함된 고급 초콜릿을 문제없이 생산할 수 있게 된 것이다.

스위스의 대표적 초콜릿 회사는 네슬레, 린트(Lindt), 슈샤드(Suchard) 등이 있다. 1819년 스위스에 최초로 세워진 초콜릿 공장은 네

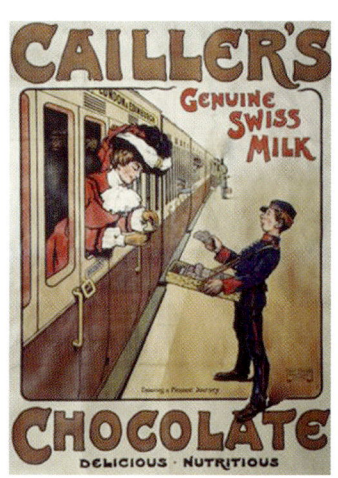
스위스 초콜릿 카이에.

알프로세.

슬레의 초콜릿 브랜드인 카이에(Cailler)다. 카이에는 초콜릿 성분을 연구한 최초의 개발자이자 전통 조리법을 이용하는 초콜릿 회사로서 밀크초콜릿의 원조라 할 수 있다.

19세기 말에 설립되어 100년이 지난 뒤인 1990년에 다국적 식품회사인 크레디프트 푸드에 인수된 슈사드는 밀크초콜릿을 대중화시킨 대표적 기업이다. 린트는 앞서 설명한 콘칭법을 발명한 루돌프 린트가 설립한 회사로 입에서 부드럽게 사르르 녹는 초콜릿바가 대표적인 상품이다. 그리고 마지막으로 알프로세(Chocolat Alprose)는 1957년 스위스 루가노 근처에서 설립된 초콜릿 회사로 스위스에서는 비교적 대규모에 속한다. 빨간 젖소가 상징이다.

고소한 견과류 옷을 입은 '잔두야'의 나라 이탈리아

초콜릿이 유럽의 다른 나라에서 음료와 음식으로 인기를 얻었던 것과 달리 가톨릭 국가인 이탈리아에서는 '최음제' 논란의 대상이 되었다. 종교적인 관례인 성직자의 단식에 위배되는지 아닌지 여부가 논란이 되었고, 자칫하면 금지 식품이 될 수도 있었던 것이다.

하지만 예기치 못한 장벽은 오히려 전화위복이 되어 이탈리아를 잔두야(Gianduja)의 요람으로 만들어주었다.

손기술이 좋아 드립 커피를 마치 커피 머신처럼 내리는 이탈리아 사람들은 초콜릿도 그냥 두지 못하고 아몬드와 헤이즐넛, 호두와 같은 견과류를 볶아 미립자로 만든 다음 카카오 매스와 카카오 버터, 캐러멜, 설탕 등을 섞어 미세하게 분쇄함으로써 모든 재료가 부드러운 페이스트 상태가 되게 만든다. 이것을 다시 금속 롤러에 돌리면서 열을 가해 만든 초콜릿이 바로 잔두야다.

잔두야는 분명히 초콜릿이지만 고소한 견과류 옷을 입은 덕에 종교적 논쟁을 벗어나 당당하게 이탈리아에 입성할 수 있게 되었다.

이밖에도 에스프레소와 생크림, 카카오를 1:1:1 비율로 섞어 만든 비체린(Bicerin)이란 음료와 우유 · 달걀 · 설탕 · 향료 그리고 생크림과 초콜릿을 섞어 만든 초콜릿 바바로아(Bavarois)라는 디저트도 세계적으로 유명하다. 이탈리아의 대표적 초콜릿 기업으로는 카파렐(Caffarel)과 페레로(Ferrero), 페루지나(Perugina) 등이 있다. 특히 우리나라에서는 페레로에서 만든 페레로 로 쉐(Ferrero Rocher)가 유명하다. 초콜릿과 헤이즐넛 가루로 코팅되어 표면이 울퉁불퉁한 원형 웨하스 볼에 누텔라라는 초코크림과 헤이즐넛이 통째로 하나씩 들어있다. 로쉐(Rocher)는 프랑스어로 울퉁불퉁한 바위를 뜻한다.

페레로.

카파렐.

잘 녹지 않는 초콜릿으로 대중화에 성공한 미국

1893년 시카고에서 열린 만국박람회에서 초콜릿 제조 기계를 본 밀턴 스네이블리 허쉬(Milton snavely hershey)는 영국의 프라이처럼 직감적으로 돈이 될 것을 알아채고 기계를 사들였다. 그의 예감은 적중하였고, 허쉬는 초콜릿 제조에 미국식 대량생산 방식을 도입하고 초콜릿의 대중화를 이루는 데 성공했다.

제1차 세계대전 당시 영국 해군에게 프라이 초콜릿이 있었다면, 미군에게는 허쉬 초콜릿이 있었다. 1937년에 허쉬는 군용 비상식량인 레이션 디 바(Ration D bar)라는 손에 녹지 않는 초콜릿 바를 개발했다. 여섯 개의 분자구조를 가진 카카오는 섭씨 33.1도에서 녹는다. 따라서 손 위에 초콜릿을 그대로 두고 있으면 체온에 의해 녹을 수밖에 없다. 하지만 허쉬는 카카오 버터를 거의 쓰지 않고 트랜스지방이 함유된 경화 팜유와 버터를 사용하여 손에 녹지 않는 초콜릿 바를 개발한 것이다.

허쉬 초콜릿 월드.

허쉬는 자신이 개발한 레이션 디 바를 들고 국방부를 찾아가 해외 파견 미군을 위한 군용 식량으로서의 판권을 따냈다. 고국이 그리워지는 순간 특별한 위안거리가 없었던 상황에서 허쉬 초콜릿은 해외 주둔 미군들에게 큰 힘이 되어주며 폭발적인 인기를 끌었다. 이런 인기에 힘입어 1943년에는 고열에도 녹지 않는 과자 스타일의 고열량 초콜릿 트로피칼 바(Tropical bar)를 만들어 한국전쟁과 베트남전 때 보급했다.

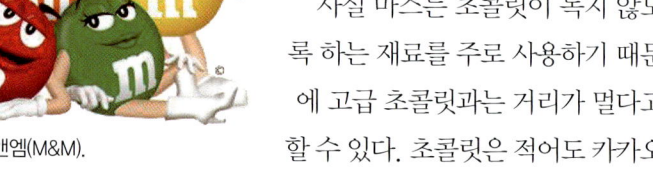
엠앤엠(M&M).

허쉬는 펜실베이니아 주 테리 마을에 큰 초콜릿 공장을 세웠는데, 공장 견학용 버스가 따로 있을 정도로 규모가 컸다. 오늘날 허쉬의 공장 지역은 수많은 관광객이 찾는 허쉬 초콜릿 월드(Hershey's Chocolate World)를 이루고

있다. 허쉬는 초콜릿 바와 코코아로 미국 시장을 석권하였으며, 아래가 평평한 눈물방울 모양의 키세스는 허쉬의 대명사로 통한다.

미국의 또 다른 초콜릿 회사로는 엠앤엠(M&M)과 스니커즈(Snickers), 트윅스(Twix) 등을 거느리고 전 세계 초콜릿 시장의 15퍼센트를 차지함으로써 점유율 1위를 달리고 있는 마스(Mars)가 있다.

사실 마스는 초콜릿이 녹지 않도록 하는 재료를 주로 사용하기 때문에 고급 초콜릿과는 거리가 멀다고 할 수 있다. 초콜릿은 적어도 카카오 버터 함유량이 20퍼센트 이상 되어야 한다. 그러나 마스는 카카오 버터가 비싼 데다 잘 녹는 성질을 가지고 있기 때문에 버터를 많이 쓰지 않으며, 오히려 식품영양처에 초콜릿을 정의하는 기준 범위를 낮추라는 압력을 계속 가하고 있다. 뉴욕의 엠앤엠 매장에 가면 투명한 관 속에 담긴 형형색색의 초콜릿을 만날 수 있다. 그야말로 '초콜릿은 색이 있어야 제 맛!'(Chocolate is Better in Color)이라는 마스의 슬로건을 잘 보여주는 모습이다.

거칠고 걸쭉한 타입의 초콜릿을 만드는 멕시코

오늘날 전 세계에서 다양한 맛과 디자인으로 생산되고 있는 초콜릿의 영원한 고향은 멕시코다. 콜럼버스의 신항로 개척과 더불어 스페인에 전해진 초콜릿은 바로크 시대의 유럽을 점령하기에 이르렀다.

멕시코에서는 카카오의 원산지답게 100퍼센트 내추럴 초콜릿과 초콜릿 소스, 초콜릿 아이스크림, 초콜릿 태블릿(tablet) 등 거칠고 걸쭉한 타입의 초콜릿을 쉽게 만날 수 있다. 유럽에 초콜릿을 처음 소개한 스페인과는 다소 닮았지만, 현재 우리가 익히 알고 있는 유럽의 초콜릿과는 전혀 다른 독특한 형태의 초콜릿을 선호하는 셈이다. 또한 멕시코 특유의 칠리와 데킬라를 혼합한 초콜릿도 있어 마야 문명과 아스텍 문명이 존재했을 당시 황제와 귀족만이 마실 수 있었던 그 시절의 정취를 느껴볼 수 있다.

만약 멕시코를 방문할 기회가 있다면, 컬러풀한 길거리 난전에서 원주민 여성이 파는 주먹만 한 크기의 카카오 덩어리를 사서 맛보길 권한다. 집에서 직접 볶은 카카오 원두의 껍질을 손으로 벗긴 다음 화산석으로 만든 맷돌인 메타테에 거칠게 빻고, 여기에 시나몬과 대량의 설탕을 가미한 홈메이드 카카오 분말로, 유럽의 초콜릿과는 전혀

다른 것이다.

딱딱한 설탕 입자가 꽤 달달한데, 그냥 먹는 것이 아니라 덩어리를 부숴서 물이나 우유에 녹여 마신다. 이러한 음용 방법은 16~17세기 스페인인들의 음용 방식과 흡사하다. 이전까지 우리가 알고 있던 초콜릿과는 다른, 멕시코만의 특색이 있는 '신들의 음식'을 즐겨보는 것도 좋은 문화체험이 되지 않을까 싶다.

6.25 때 미군을 통해 우리나라에 전파

우리나라에서 초콜릿을 가장 먼저 맛본 사람은 구한말의 명성황후일 거라는 추측에 가장 무게가 실린다. 당시 러시아 공사 부인이 궁정외교를 펼치기 위해 명성황후에게 서양 화장품과 양과자를 바쳤는데, 그중 양과자 상자에 초콜릿이 들어있었다고 한다. 또 일본 정치인 이토 히로부미가 조선 왕궁을 드나들 때마다 고종을 에워싼 상궁들을 회유하기 위해 선물한 양과자에 초콜릿이 들어있었다는 설도 있다. 어느 설이 맞든 혹은 먼저이든 간에 우리나라에 들어온 초콜릿은 유럽과 마찬가지로 왕족 또는 상류층의 전유물이었다.

이로부터 제법 시간이 흐른 뒤, 우리나라에 초콜릿이 다량으로 유입된 것은 한국전쟁 때의 일이다. 하지만 아쉽게도 유럽의 고급 초콜릿과 그 문화가 아니라 미국 허쉬에서 만든 저가의 전투식량용 초콜릿과 그 문화가 유입되었다. 건강에 별로 좋지 않았을 뿐만 아니라 질도 낮고 맛도 그다지 좋지 않았으나 이

스페인 초콜릿.
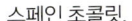

를 필두로 초콜릿이 대중화되기 시작했다.

그리고 1968년에 들어서야 동양제과와 해태제과에서 처음으로 우리 초콜릿을 만들기 시작했고, 1975년 롯데제과가 아프리카 가나를 모티브로 한 가나(Ghana) 초콜릿을 내놓으며 초콜릿 시장에 합류했으니 우리나라 초콜릿 역사는 불과 40년 남짓인 셈이다. 유럽에서 밀크초콜릿이 만들어지기 시작한 것이 100년이고, 일반 초콜릿의 역사가 150년이니 우리나라 초콜릿 역사는 그에 비하면 4분의 1 정도밖에 되지 않는 셈이다.

가나 초콜릿에 길들여진 입맛을 바꿀 시기

우리나라에서는 롯데제과의 '가나 초콜릿'을 좋은 초콜릿, 맛있는 초콜릿으로 인식하고 초콜릿의 대명사처럼 받아들인다. 한 시대를 풍미했던 홍콩의 유명 배우가 광고를 하면서 그 인기는 더욱 폭발적이었다. 그러나 사실 가나 초콜릿은 리얼 초콜릿의 풍미와는 거리가 먼 플라스틱 초콜릿이다. 6.25 당시 전투식량으로 공급되었던 허쉬 초콜릿 때문에 질 좋은 진짜 초콜릿이 아니라 플라스틱 초콜릿에 우리 입맛이 길들여진 것이다.

사실 우리나라의 초콜릿 문화는 커피 문화와 매우 비슷하다. 처음 커피를 접한 것이 '믹스커피'였던 까닭에 우리는 꽤 오랫동안 커피 가루와 프림, 설탕을 함께 넣어 마시는 것이 고급 커피인 것으로 알고 있지 않았던가. 하지만 갓 볶아낸 원두커피의 맛을 알게 된 뒤 원두커피 시장이 활성화되었고, 지금은 어딜 가나 원두커피를 마실 수 있는 커피 매장이 즐비하다.

초콜릿도 마찬가지. 오랫동안 플라스틱 초콜릿에 길들여졌던 우리의 혀가 정말 맛있고 고급스러운 초콜릿의 맛을 조금씩 알게 되면서 이를 찾는 사람들이 점차 늘기 시작했다. 물론 아직 걸음마 단계지만……

2013년 우리나라 초콜릿 시장의 규모는 6,000억 원 정도였는데 이 가운데 롯데와 해태가 5,500억 원을 차지했다. 달리 말하자면, 리얼 초콜릿이 아닌 플라스틱 초콜릿이 우리나라 초콜릿 시장의 90퍼센트 이상을 차지하고 있다는 뜻이다.

다행히 초콜릿의 발전 속도는 커피보다 10배 빠르다. 하지만 매우 빠른 성장률에 비해 우리나라의 초콜릿 제조 현실은 턱없이 열악하다. 초콜릿을 만드는 전문회사가 없기 때문에 기타 재료를 가지고 원청을 준 나라에서 정해준 맛과 향을 만들어내는 정도다. 우리나라 전체 초콜릿 산업을 100이라고 했을 때 쿠킹 산업은 5 정도에도 채 미치지 못한다. 카카오 관련 기술과 문화가 뒷받침해주지 못하기 때문이다.

한국의 쇼콜라티에는 리얼 초콜릿을 만들 수 있는 원재료를 충분히 확보할 수 없기 때문에 마치 벤츠를 사다가 풀로 붙여서 모양을 내는 것처럼 이미 완성된 제품을 들여오는 한계를 갖고 있다.

한국초콜릿연구소가 필리핀에 농장을 만들게 된 이유가 바로 이것이다. 카카오 열매를 직접 재배하고 카카오 원두를 추출하여 가공할 수 있어야 진짜 리얼 초콜릿을 합리적인 가격에 공급할 수 있기 때문이다.

나라마다 선호하는 초콜릿이 다르다?

일반적으로 초콜릿을 선택할 때 우리는 어느 나라 초콜릿인지 따져보곤 한다. 그만큼 나라마다 다른 독특한 초콜릿이 존재하기 때문이다. 각 국가를 대표하는 초콜릿의 특징은 무엇일까?

벨기에 크리미하고 부드러운 필링(내용물이나 속을 채워 넣는 요리법)을 넣은 둥근 알 모양의 초콜릿과 밀크초콜릿 바가 인기다.

프랑스 다크 초콜릿이 주류를 이룬다. 린츠사의 경우 프랑스에서만 다크 초콜릿 상품인 '푸루렌지'를 판매할 정도로 프랑스인들의 다크 초콜릿 사랑은 유난하다.

이탈리아 헤이즐넛과 초콜릿 페이스트를 섞은 잔두야가 사랑받고 있다. 페레로사의 '로쉐'나 '누텔라'의 성공 사례로 유명하다.

스페인어권 나라들 전통에 따라 머그컵에 코코아 마시는 걸 가장 좋아한다.

영어권 나라들 캐드버리의 성공에서 잘 보여준 것처럼 밀크초콜릿과 화이트 초콜릿, 크고 둥근 모양의 트러플 초콜릿이 인기가 있다.

오스트리아와 독일 두 나라 모두 마지팬(아몬드에 졸인 시럽을 넣고 페이스트 상태로 만든 것)이나 헤이즐넛 페이스트로 속을 채운 후 플레이버(flavor)를 넣은 초콜릿, 밀크초콜릿 바를 선호한다.

북유럽의 스칸디나비아 나라들 확고부동한 밀크초콜릿 문화가 이어져 왔다. 화이트 초콜릿도 인기가 있다.

일본 밀크초콜릿이나 화이트 초콜릿을 선호하지만 프랑스 초콜릿도 대량 수입하고 있다.

세계인으로부터 사랑받는 초콜릿 브랜드

나라별로 선호하는 초콜릿 맛이 다른 이유는 당연히 초콜릿의 전통과 역사가 다르기 때문이다. 물론 개인의 취향은 가지각색일 수 있다. 시크한 프렌치 스타일의 여성이 유독 핫초코만 즐길 수도 있다는 뜻. 나라의 경계를 뛰어넘어 전 세계인의 사랑을 듬뿍 받는 초콜릿 브랜드의 순위를 알아보자.

세계적으로 유명한 초콜릿 Top 10

1. 마스(Mars)의 마스 바(Mars bar)

2. 마스(Mars)의 트웍스(Twix)

3. 마스(Mars)의 스니커즈(Snickers)

4. 마스(Mars)의 말티저스(Maltesers)

5. 네슬레(Nestle)의 킷캣 포 핑거 (Kitkat 4 finger)

6. 캐드버리(Cadbury)의 캐드버리 데일리 밀크 (Cadbury Daily Milk)

7. 네슬레(Nestle)의 킷캣 청키(Kitkat Chunky)

8. 캐드버리(Cadbury)의 크런치(Crunchie)

9. 마스(Mars)의 바운티 밀크(Bounty Milk)

10. 캐드버리(Cadbury)의 트왈(Twirl)

카카오
전설

아주 먼 옛날 마법의 콩이 있었다. 마법의 콩을 손에 넣는 사람은 인생을 바꿀 수 있을 만큼 그 위력은 실로 대단했다. 가난한 사람은 그것으로 옷을 사 입고 먹을 것을 사 먹었으며, 부유한 사람은 활력과 건강을 부르는 매혹적인 음료로 만들어 먹었다. 그러던 어느 날, 귀하디귀한 이 마법의 콩은 바다 너머 저 먼 곳에 있는 유럽으로 흘러들어 가게 되었다. 유럽에서도 마법의 콩의 진가를 알게 되자 오랫동안 왕족과 귀족들만 누릴 수 있는 매혹적인 음료로 사랑받았다. 그로부터 다시 몇 년이 지나자 그 마법의 콩은 딱딱한 고형의 초콜릿이 되었다.

마법의 콩은 바로 카카오다. 이처럼 카카오를 비롯한 초콜릿은 마치 옛날이야기처럼 우리를 매료시키는 묘한 매력이 있다. 실제로 필리핀에는 예로부터 내려오는 카카오와 관련된 전설이 있다고 한다.

필리핀에서 내려오는 마리아 전설 두 가지

필리핀 세부 섬의 아르가오 지역에 위치한 란토이산의 동굴 속에는 마리아 카카오(Maria Cacao)라는 여신이 살고 있었다. 이 산에서 흘러내리는 강이 하나 있었는데, 사람들은 이 강에 홍수가 나거나 다리가 끊어지면 그것을 남편인 만가오가 황금 배에 곡물을 싣고 떠나거나 돌아오는 신호라고 여겼다. 또한 란토이산의 카카오는 그녀가 재배하는 작물이라고 생각했다. 이 전설은 필리핀뿐만 아니라 세계의 일부 지역까지 빠르게 전파되었다.

카카오는 필리핀 사람들의 일상 속에서 쉽게 찾아볼 수 있다. 그들은 카카오 원두로 만든 달지 않은 초콜릿인 따블레야를 즐겨먹는다. 아침에는 핫초코인 시크와트를 마시고, 카카오를 첨가한 쌀죽인 참포라도도 자주 먹는다.

또 하나의 전설은 마리아 마킬링에 관한 것이다.

옛날 필리핀의 신인 다양 마킬링과 갓 빠나혼 사이에는 아름다운 외동딸 마리아가 있었다. 마리아의 풍성한 검은 머리와 아름다운 두 눈은 보는 이들로 하여금 경외심마저 들게 했다. 마리아는 이따금 딸라파파

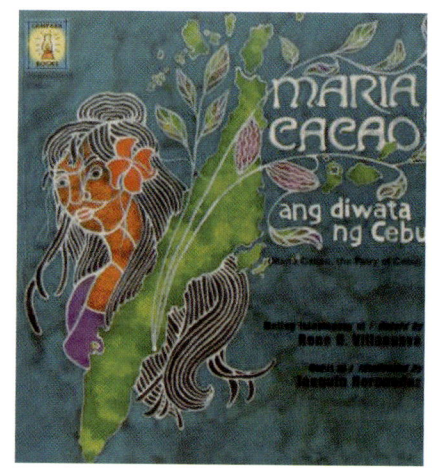

마리아 카카오.

32

The Chocolate

시장에 나가 필요한 물품을 구입하곤 했다. 그러던 어느 날 딸리파파에 간 그녀는 베이(Bay) 왕국의 갓 둘라왕과 우연히 마주치게 되었고, 그들은 이루어질 수 없는 사랑에 빠졌다. 신과 사람의 사랑 앞에 기다리는 것은 불행뿐이었지만, 그들의 사랑은 식을 줄 몰랐다.

마리아가 사람과 사랑에 빠진 걸 알게 된 갓 빠나혼과 다양 마킬링은 그녀의 신적인 능력을 빼앗았고, 딸리파파는 물론 인간세계로 내려가는 것마저 금지시켰다. 그러자 갓 둘라는 마침내 상사병으로 세상을 떠나고 말았다. 그제야 마리아는 부모의 허락을 받고 갓 둘라의 영혼을 소유했다. 세월이 흘러 그녀의 부모까지 세상을 떠난 뒤, 마리아는 인간세계에 내려와 인간의 고충을 들어주는 자애로운 여신이 되었다. 하지만 인간의 타락과 오만을 다스리기 위해 엄격한 법을 만들었고, 이를 어기는 자에게는 혹독한 벌을 내렸다.

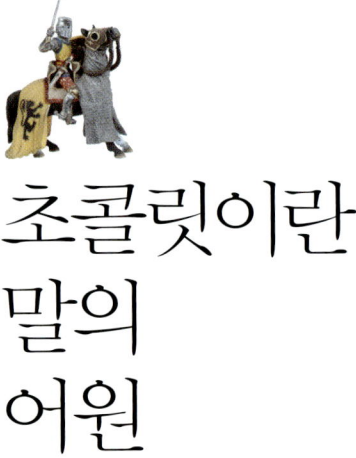

초콜릿이란
말의
어원

초콜릿의 어원에 대해서는 명쾌한 하나의 정설이 없다. 마야 문명과 아스텍 문명의 언어에 관한 자료 가운데 초콜릿이란 말과 관련된 자료가 충분치 않아 의견이 분분하기 때문이다. 다만 그중에서도 믿을 만한 추측 세 가지를 소개한다.

1. 나우아틀어의 '초코라틀' 유래설

1993년판 웹스터 사전(Webster's Dictionary)에는 '초코라테'(chocolate)라는 말이 나우아틀어(멕시코 중앙고원에 거주했던 나우아족의 언어)의 '초코라틀'(chocolatel)에서 유래되었다고 명시되어 있다. 그러나 아스텍 문화와 관련된 사료 어디에서도 '초코라틀'(chocolatel)이라는 말이 나와 있지 않다고 한다.

2. 나우아틀어의 '쇼코'와 '아틀'의 합성어 '쇼코아틀'의 변형설

멕시코의 언어학자는 나우아틀어에서 '맛이 쓰다'를 뜻하는 '쇼코'(xoco)와 물을 뜻하는 '아틀'(atl)이 합해져서 쓴물이란 뜻의 합성어 '쇼코아틀'(xocoatl)이 형성된 후 '초코라테'(chocolate)로 변형되어 전해진 것이 아닌가 추측하

기도 한다. 그러나 'x'가 'ch'로 변하고, 'l'이 삽입되는 근거를 충분히 제시하지 못하고 있다.

3. 옛 사료에 명시된 '카카우아틀'(cacahuatl)에서 고안

1555년에 출판된 나우아틀어−스페인어 사전이나 아스텍에서 발굴된 원로들의 금언서인 ≪Huehuetlatolli≫ 등 옛 사료에는 초콜릿 음료를 지칭하는 말이 '카카우아틀'(cacahuatl)이라고 기록되어 있다. 카카우아틀의 '카카'(caca)는 라틴어에서 똥을 의미하는 비어나 유아어이다. 자신들이 맛들인 짙은 색의 음료를 똥으로 시작되는 이름으로 부르는 것을 스페인 정복자들은 불쾌하게 생각했을 것이다. 이 때문에 그들은 다른 이름이 필요했고, 박식한 수도사들에 의해 '초코라틀(chocolatel)과 '초코라테'(chocolate)라는 말이 고안되었다는 추측도 있다.

마야 사람이나 아스텍 사람들이 어찌 불렀건 스페인 사람들은 미지의 땅에서 들어온 이 쓴물을 초코라테라 불렀고, 1615년 스페인의 도트리슈 공주가 프랑스의 루이 13세와 결혼하면서 초콜릿은 '쇼콜라'(chocolat)라는 이름으로 프랑스에 전파되었다.

쇼콜라는 해협을 건너 영국까지 건너가게 되었고, 영국 인들은 초콜릿을 '초콜라타'(chocolata: Stubbes, 1662) 와 '조콜라트'(jocolatte: Pepys, 1664), 혹은 '자콜라트' (jacolatte: Evelyn, 1682), 그리고 '초커렛'(chockelet: Evelyn again, 1684) 등으로 불렀다. 이후 미국에서 초콜 릿(chocolate)이란 말이 정착되었고, 일본에서도 이 호칭 을 사용하게 되었다.

Tip 카카오란 말의 어원

멕시코 사람들은 카카오의 나무를 '카카바끼알리틀'(cacavaqualhitl), 카카오의 열매를 '카코바센틀리'(cacovacentli)라고 불렀으며, 그 어원은 마야어와 아스텍어에서 유래하였다. 그리고 카카우아틀레 (cacahuatle) - 카카우아틀(cacauatl) - 카칼라틀(cacalatl)을 거쳐 스페인어인 카카오(cacao)가 된 것이다.

Let's go,
유럽 초콜릿
투어

영국과 프랑스, 벨기에, 독일 등 4개국을 도는 유럽 초 콜릿 투어는 한국초콜릿연구소가 주최하고 이비초코의 후원으로 진행되는 약 보름간의 패키지이다. 영국과 프랑스, 벨기에 그리고 독일 4개국으로 이루어진 코스가 기본이다. 두 번째 코스는 스페인으로 들어가서 이탈리아와 스위스, 독일을 경유한다. 마지막 세 번째 코스는 미국 동부와 멕시코, 페루와 칠레로 구성되어 있다.

코스마다 저마다의 특징이 있는데, 첫 번째 코스는 유럽의 현대적인 맛을 느낄 수 있으며 가장 볼 것이 많다. 두 번째 코스는 유럽의 중세 분위기를 만끽할 수 있는 스페인이 추가되어 현대와 중세 초콜릿 문화를 두루 탐방할 수 있다. 끝으로 남미 투어는 초콜릿의 고대사를 체험할 수 있다.

초콜릿 투어는 각 나라의 초콜릿박물관 견학과 유명 초콜릿 숍 방문, 쇼콜라티에와의 만남, 초콜릿 학교 방문 수업 등으로 구성되어 초콜릿을 사랑하고 배우고자 하는 이들에게 좋은 여행이 될 것이다.

이제 오랜 준비와 망설임 끝에 싱그러운 봄날 떠났던 유럽 초콜릿 투어의 이야기보따리를 꺼내 놓으려 한다. 2013년 1월, 한국에서 개최된 살롱 드 쇼콜라에 참석한 것을 계기로 여행이 시작되었다.

1일차, 독일의 퀼른초콜릿박물관

먼동이 트기도 전에 홍콩을 경유하여 독일의 프랑크푸르트로 향하는 긴 여정에 들어갔다. 전날 잠을 푹 잔 탓에 10시간이 넘는 비행을 거의 뜬눈으로 지새고 말았다.

프랑크푸르트에 도착한 우리는 시내를 구경할 겨를도 없이 첫 목적지인 퀼른으로 향하는 기차에 몸을 실었다. 100년째 공사 중이라는 퀼른의 대성당을 뒤로 하고 독일이 자랑하는 퀼른초콜릿박물관으로 발걸음을 재촉했다.

지도상에 500미터 거리라고 표기된 것만 믿고 길을 나섰지만 수많은 고가도로와 골목을 헤집다 보니 체감거리는 족히 5킬로미터는 되는 듯했다. 몸도 마음도 지칠 무렵, 라인 강 위에 두둥실 떠 있는 범선 모양의 퀼른의 초콜릿박물관이 눈에 들어왔다.

흔히 퀼른의 초콜릿박물관은 당연히 독일에서 만들었다고 생각하지만 사실 이 박물관은 콘칭법을 발명한 스위스의 린트사에서 1993년 10월 31일 슈톨베르크의 경영주였던 한스 임호프만(Hans Imhoff)의 이름을 따서 개관한 것이다.

점심때쯤 도착한 우리는 거금의 티켓을 구입하면서 받은 밀크초콜릿 한 알을 입에 쏙 넣고 맛보며 박물관 견학

쾰른의 초콜릿박물관.

에 들어갔다. 생각보다 감동적이지는 않았지만, 초콜릿 생산 기계 전시는 흥미로웠다. 끝으로 수천 가지의 초콜릿이 제각각 자태를 뽐내는 기념품 가게에서 초콜릿으로 만든 술, 리퀴드 종류를 보고는 신이 나서 아이처럼 펄쩍 뛸 지경이었다. 초콜릿맥주와 마지팬술, 카카오리퀴드, 그리고 민트카카오리퀴드 등을 주는 대로 마셨다가 대낮부터 달달하게 취하고 말았다.

장장 6시간 동안 관람을 하는 바람에 문 닫을 시간이 임박해져 쫓겨나듯 박물관을 빠져나왔으니, 어쩌면 '감동적이지 않았다'는 말은 거짓말일지도 모르겠다. 언젠가 한국에 생기게 될 초콜릿박물관을 생각하면서 정성스럽게 한 장 한 장 찍다 보니 사진이 무려 2,200장이다. 여태껏 박물관을 만들기 위해 수집해온 초콜릿 관련 자료들이 늘 부족하다고 느꼈는데, 막상 독일에서 박물관을 견학하고 나니 그 자료의 양이 결코 적지 않다는 생각이 들면서 내심 뿌듯했다. 한국 초콜릿박물관의 미래가 성큼 다가온 것처럼 즐거운 마음으로 쾰른초콜릿박물관 견학을 마쳤다.

서머타임이 시작된 봄날의 평화로운 저녁, 라인강 옆 잔디에 누워 독일의 하늘을 감상했다. 아니, 사실은 주위의 시선을 아랑곳하지 않고 입을 맞추고 다른 것도 맞추는 엉큼하고 자유로운 독일 젊은이들을 구경했다. 그리고 혼자 보기 아까운 나머지 슬쩍 돌아앉아 셀카를 찍는 척하며 그들의 모습을 나의 카메라에 담았다.

오후 7시쯤, 저녁도 먹을 겸 쾰른의 다운타운으로 향했다. 마침 호텔도 그쪽이라 독일의 초콜릿 숍은 어떤 분위기일지 궁금해 하며 신발끈을 꽉 조여 묶고 걷기 시작했다. 독일에서 처음 만난 초콜릿 가게는 각기 다른 브랜드의 초콜릿을 함께 파는 멀티숍이었다. 독립적인 브랜드 매장이 없는 것은 아니지만, 독일은 다른 나라에 비해 멀티숍이 유독 많은 편이다.

해가 어둑어둑해지는 걸 보니 아마도 저녁 10시가 다 된 모양이다. 드디어 우리는 첫 숙소에 입성했다. 짐을 들어주는 벨보이에게 1유로를 줘야 하나, 2유로를 줘야 하나 내심 고민했던 나를 비웃기라도 하듯 호텔에는 벨보이는 고사하고 사람 한 명 다니기도 좁은 복도와 계단만 엘리베이터도 없이 펼쳐져 있었다. 중앙에 있는 커다란 더블침대 옆으로 사방 50센티미터의 공간만 허락된 좁디좁은 방에서 한국인 아저씨 세 명은 자신의 의도와는 전혀 상관없이 부둥켜안은 채 첫날밤을 보내야만 했다.

2일차, 벨기에의 브뤼셀초콜릿박물관과 플래네초콜릿아카데미 공방

날이 밝자 우리는 벨기에로 떠나기 위해 쾰른 중앙역으로 향했다. 도착한 지 21시간 만에 독일과 이별을 하고, 그리스 여신의 이름을 딴 국제고속열차 탈리스에 올랐다.

벨기에를 향해 한참 달리는데 역무원이 차표 검사를 시작했다. 여권과 함께 차표를 보여주자 역무원은 여권에는 관심도 없다는 듯 무심히 차표에 구멍 하나 뚫고 다음 자리로 가고 만다. 국경을 넘는데 왜 여권에 도장을 찍어주지 않느냐고 따지듯 묻자, 역무원은 유로 통합 후 유로존 내에서는 국경을 넘을 때도 여권이 필요 없다고 친절히 답해준다. 통화 통일과 함께 그 넓고 많은 나라가 한 나라와 같은 셈이 되었으니, 이 얼마나 부러운 일인가. 세계 유일의 분단국가인 우리나라와 유로존을 마음속으로 비교해보는 사이 1시간 반이 훌쩍 지나 벨기에 브뤼셀 미디역에 도착했다.

오늘의 공식적인 일정은 벨기에 브뤼셀초콜릿박물관 견학과 플래네초콜릿아카데미 공방 방문이었으므로 서둘러 역사를 빠져나와 브뤼셀초콜릿박물관으로 방향을 잡았다. 브뤼셀 미디역에서 30분 정도 걸어 시청 앞 그랑플라자로 간 우리는 지도를 찾기도 하고 지나가는 사람들에게 묻기도 하면서 드디어 브뤼셀초콜릿박물관에 도착했다.

정말 박물관이 맞나 싶을 정도로 입구가 너무 허술해서 잠시 실망을 했지만 문을 열고 들어서는 순간 오래된 나무 향과 초콜릿 향이 함께 어우러져 뭐라 말로 형용할 수 없이 정신을 몽롱하게 만드는 환각에 사로잡혔다.

유럽의 초콜릿박물관은 마치 오래된 기와집에다 옛날에 쓰던 물건을 그대로 전시해놓은 것처럼 우리의 예상과는 많이 다른 느낌이었다. 심지어 바닥 평수가 30평도 안 되는 박물관도 있고 2층, 3층을 세워서 박물관이 체인점화 되는 경우도 있다고 한다.

관람이 끝나자 몰드 초콜릿 실습이 있었다. 물론 이것도 돈을 받는다. 간단한 실습만으로도 40~50명씩 모이니, 그 수익도 만만치 않겠다는 생각을 하며 브뤼셀초콜릿박물관 견학을 마치고 플래네초콜릿아카데미 공방으로 발걸음을 옮겼다.

초콜릿 가게 겸 아카데미인 플래네초콜릿아카데미는 수업이 한창이었다. 우선 문을 열고 들어가서 인사하고 수업을 들었다. 그런데 두 번째 수업은 나더러 진행해보라고

권하는 것이 아닌가. 땀을 뻘뻘 흘리며 몸짓 50퍼센트+표정 30퍼센트+영어 10퍼센트+모르는 척 10퍼센트로 길고도 긴 수업을 끝내자 같은 아시아 인종이라 그랬는지 중국인 학생들의 큰 환호와 박수가 이어졌다. 먼저 수업을 진행한 강사는 어쩜 그렇게 수업 대사를 똑같이 하느냐며 금세 보고 외웠는지 머리가 좋다는 말을 한다. 물론 머리가 좋은 게 아니고 수업 시나리오가 내 수업과 놀라울 만큼 비슷했기에 가능한 일이었다. 같이 간 일행은 혹시 애초에 이곳에서 수업을 받고 온 게 아니냐며 놀리기까지 했다.

이렇게 흥미롭고 즐거운 시간을 보낸 후 초콜릿 몇 알을 입에 물고 나왔다. 이 공방에서도 관광객을 모아놓고 데모 수업을 하는데, 비용은 1인당 7유로다. 수업을 들은 인원이 약 50~60명이었으니 이 수입도 꽤 짭짤할 것 같다. 여기서도 한 가지 배운 게 있다면 데모 수업도 프로그램만 좋다면 얼마든지 경쟁력이 있다는 것이다.

공식적인 일정을 마치고 초콜릿 순례자의 길로 접어들었다. 무거운 발걸음을 옮기며 브뤼셀에 있는 초콜릿 가게를 하나둘 섭렵하기 시작했다. 우선 고디바와 노이하우스를 거쳐 설명이 필요 없는 갈러 초콜릿을 기점으로 순례를

시작했다.

노란 간판에 귀여운 소녀 그림이 그려진 라 퀴흐 구흐망드는 비스킷과 사탕, 초콜릿을 함께 파는 과자점인데 그 규모가 어마어마했다. 가게의 나이는 106세. 이 나라에서 100년 정도는 기본적인 역사인 듯싶다. 그 다음으로는 역시 100년의 전통을 지닌 벨기에 고급 수제 초콜릿 브랜드 레오니다스에 들어섰다. 여기서 브랜드 로고가 콱 찍힌 초콜릿용 쿨링 백을 하나 구입했는데, 훗날 프랑스에서 아주 요긴하게 썼다.

1909년도에 문을 열었다는 브로이어(Bruyerre)는 벨기에 전통 초콜릿을 맛볼 수 있는 곳이다. 원래 할아버지가 운영하던 가게로 지금은 그 손녀딸이 운영하고 있다. 이 가게에서 가장 관심이 가는 제품은 망치로 깨먹는 초콜릿. 두꺼운 초콜릿에다 망치를 하나 같이 넣어 포장했는데 마치 독일의 전통과자 슈니발을 연상케 했다. 어딜 가든 이제는 아이디어 싸움이다.

엘리자베스라는 초콜릿 숍 역시 벨기에 전통 초콜릿을 맛볼 수 있는 곳이다. 명품화 고가 정책을 쓰는지 초콜릿 가격이 제일 비쌌다. 당연히 손님도 별로 없었지만 비싸고 좋

엘리자베스 초콜릿 숍.　　　엘리자베스 내부.

벨지안 초콜릿 숍.

은 초콜릿을 보자 한국에 있는 딸아이가 생각나 민트초콜
릿을 하나 샀다. 그런데 이런 아빠의 마음을 아는지 모르는
지, 귀국 후에 값비싼 초콜릿을 먹은 딸아이가 하는 말.

"헐! 이거 치약초콜릿이야?"

초콜릿 숍을 찾아 걷고 들러보기를 무한 반복하자 날이
저물어간다. 이제 숙소를 찾아 들어가야 할 시간. 브뤼셀
중앙역과 북역을 헷갈리는 바람에 한 시간이 훨씬 넘어서
야 숙소에 도착했다. 이렇게 브뤼셀에서의 첫날밤이 저물
었다.

3일차, 벨기에 브뤼셀의 다양한 초콜릿 숍

오늘은 어제 다 보지 못한 브뤼셀의 나머지 초콜릿 숍
을 둘러보기 위해 노면전차인 트램을 타고 그랑플라자
로 향했다. 서둘러 호텔을 나오는 바람에 아침도 못 챙겨
먹었지만, 우리는 배고픔도 잊은 채 연신 카메라 셔터를
누르며 겸허한 마음으로 다시 초콜릿 순례자의 길에 올
랐다.

벨지안 초콜릿 숍에서는 명함과 브로셔를 모두 돈을 주

고 사야 했기 때문에 초콜릿을 고르는 척하면서 사진만 찍
고 나왔다. 이곳에서 정작 우리의 눈길을 사로잡은 건 초
콜릿이 아니라 100년은 족히 넘었을 듯한 계산기였다.

초콜릿 아르티자날은 별로 기억에 남지 않는 초콜릿 가
게다. 100년이 기본인 이 나라에서, 오픈한 지 얼마 안 된
그야말로 신출내기 가게임에도 불구하고 주인장의 자부
심은 대단했다.

들어가자마자 10퍼센트 할인권을 주면서 초콜릿을 사
라고 권했던 초코폴리스는 초콜릿 숍이 밀집되어 있는 동
네의 뒷골목에 자리 잡고 있어서 그런지 손님이 없어 한산
한 편이었다. 초콜릿과는 연관이 없어 보이지만 인테리어
용으로 사두면 좋을 듯한 그림과 사진도 함께 팔았다. 여
기서도 매일 아침 9시 데모수업이 이루어진다.

브뤼헤에 본사를 두고 있는 라벨지크 구어망드는 벨기
에 전역에 본사를 포함하여 다섯 개의 매장을 두고 있다고
한다. 제품의 간단한 레시피를 표기해둔 브로셔와 생각보
다 맛있었던 진저초콜릿이 마음에 들었다. 공놀이 광대를
심벌마크로 삼았는데, 그 이유가 궁금했지만 언어가 짧은

Pelicaen .　　　초코폴리스.

탓에 물어보지 못해 아쉬웠다.

초콜릿 아트(l'Art du Chocolat)에서는 예쁜 엽서를 나누어주면서 한국에 잘 소개해달라는 말과 함께 테스트용 초콜릿을 건네주었다. 꼬불꼬불 손으로 그린 그랑플라자 광장 주변 초콜릿집 지도 엽서가 참 인상적이었다.

여기까지 돌고 나서 어젯밤 호텔 식당에서 꿍쳐뒀던 삶은 달걀 두 개를 까먹으며 잠시 휴식을 취했다. 삶은 달걀 때문에 목이 메었지만 물도 못 마신 채 우리는 다시 초콜릿 숍 원정에 나섰다.

한 집 건너 한 집, 혹은 다닥다닥 붙은 초콜릿 숍이 펼쳐진 거리를 마주하니 그야말로 초콜릿 천국이 아닐 수 없다. 하지만 아직 눈에 딱 들어오는 초콜릿 숍을 못 찾았으니 조금 더 기운을 내서 발품을 팔 수밖에.

라 코키유 도르(La Coquille D'or)는 중국인이 하는 초콜릿 숍이라 그런지 아예 중국인 단체 관광 코스에 들어가 있는 모양이었다. 조금 과장을 하자면, 중국인 관광객이란 관광객은 몽땅 이곳에 와서 초콜릿을 구입하는 것만 같았다. 벌써 벨기에까지 진출해서 초콜릿으로 막대한 수익을 창출하고 있다니, 아무튼 대단한 민족이다.

Sucx the king of candy는 프랑스의 사탕 전문 브랜드 매장이다. 그야말로 수천 수만 가지의 사탕을 무게 단위로 판매한다. 사탕을 먹고 놀란다는 콘셉트의 우스꽝스러운 사진들이 인상적이다. 우리가 매장을 둘러보는 동안 우리를 보고 놀랐는지 한참을 바라보다 사탕을 골라 담던 한 소녀의 모습이 아직도 눈앞에 어른거린다.

1938년에 현재 건물에 입주해서 지금까지 건재하게 영업 중인 브로이어(Bruyerre)는 흙과 통나무로 지어진 오래된 집으로, 낡은 앤티크 가구가 '콘셉트'가 아니라 실제 '생활'인 곳이다. 허물어져 못쓸 정도가 아니라면 약간의 불편은 기꺼이 감수하고 사용하자는 게 이들의 생각인가 보다.

그랑플라자 광장 한가운데 위치한 고디바는 초콜릿 값이 보통이 아닌 이 지역에서도 역시 비싼 곳이다. 명성에 걸맞게 가장 비싼 브로셔를 파는 노이하우스도 잠시 둘러보고 나왔다. 오늘 들른 마지막 초콜릿 숍은 마리(Mary)로, 벨기에가 자랑하는 최고의 초콜릿 가게라는 자부심이 대단하다. 1919년에 만들어진 마리는 벨기에 왕실에 초콜릿을 만들어 납품한 덕분에 왕실 휘장을 사용할 수 있는

마리 내부.

마리 내부.

권리를 받았다고 한다. 그래서 그런지 매니저의 얼굴에서는 약간의 거만과 고집이 느껴진다. 명성에 걸맞게 초콜릿의 맛은 수준급이었다.

한참을 돌아다니다 기침만 해도 허리가 끊어질 듯 아픔이 밀려와 도로 옆에 앉아 잠시 쉬고 있는데 어디선가 노랫소리가 들려온다. 로렐라이처럼 노랫소리에 홀려 근원지를 찾아가니 어떤 여인이 길거리에서 노래를 부르고 있는 것이 아닌가. 노래를 마친 여인과 잠깐 이야기를 나눠보니 여인이 노래를 부르는 '자리'와 앞에 놓인 '돈통'이 할아버지의 아버지, 즉 증조할아버지 때부터 이어져 온 것임을 알게 되었다. 어떤 사연이 더 숨어있는지 궁금했지만 호기심은 가슴에 담아둔 채 우리는 다시 발걸음을 돌려 벨기에의 명물인 오줌싸개 소년 동상으로 향했다. 내 손바닥 두 개만 한 오줌싸개 소년 동상은 정말 앙증맞기 그지없었다.

벨기에의 명물을 구경했으니 이번엔 벨기에 와플을 먹어볼 차례. 크림과 토핑을 올린 와플을 5유로에 사서 어느 가게 앞에 쭈그리고 앉아 먹었다. 오늘의 공식적인 첫 끼니였지만 장정 셋이 먹기엔 너무도 빈약한 식사. 그리하여 우리는 근처 마트에 들러 호텔 방에서 몰래 먹을 고기와 양상추를 사 들고 돌아왔다. 정말 많이 걷고, 말도 많이 했

던 터라 온몸 구석구석이 쑤시는데도 불구하고 요리를 하는 데 마지막 남은 혼신의 힘을 다 쏟아 부었다.

창문을 열고 냄비에 고기를 지글지글 구운 다음 양상추에 초고추장을 발라 배불리 먹으니 금세 졸음이 몰려온다. 3일차도 이렇게 무사히 마쳤다.

4일차, 초콜릿 몰드로 유명한 초콜릿월드

오늘은 기차를 타고 안트베르펜(앤트워프)으로 넘어가 초콜릿 몰드로 유명한 초콜릿월드사와의 미팅이 있는 날. 한국을 떠나기 전에 미리 충분한 사전조사를 해서 어렵게 잡아놓은 일정이라 더욱 긴장되었다. 이 특별한 미팅의 목적은 아직 한국에 들어와 있지 않은 몰드를 저렴한 가격으로 구입하는 것이었다.

2층으로 된 직행열차는 40여 분 만에 우리를 안트베르펜(앤트워프)으로 데려다주었다. 위풍당당한 안트베르펜(앤트워프) 역에 기가 눌려 아무 말도 하지 못한 채 우리는 카메라 셔터만 연신 눌러댔다. 호텔을 나설 때 호텔 주인이 안트베르펜(앤트워프)은 쇼핑의 도시니까 쇼핑을 많이 하라고 조언해주었는데, 비교적 침체된 수도 브뤼셀의 분위기와 어떻게 다른지 살짝 궁금했다. 역사 앞에도 파라솔을 치고 초콜릿을 파는 아저씨가 있었다. 초콜릿 나라라는 명성에 걸맞게 벨기에에서는 초콜릿도 흔한 길거리 음식인 모양이다.

프랑스어를 쓰는 벨기에에서 우리는 '문맹 체험'을 원없이 했다. 글씨는 고대의 상형문자처럼 보였으니 글씨가 아닌 그림만으로 초콜릿월드사를 찾아가느라 근처에서 한 시간을 넘게 헤매고 말았다.

우여곡절 끝에 '촉'과 '감'에 의지하여 찾아낸 초콜릿월드사는 예상대로 나를 놀라게 만들었다. 규모가 아니라 바로 입구의 모습 때문에! 우리나라로 치자면 연매출 1억 원 남

짓한 짜장면집 입구보다 더 소박했기 때문이다. 심지어 그 흔한 간판도 하나 없이 달랑 포스터 비슷한 종이 한 장으로 '여기가 초콜릿월드사입니다' 하고 있을 뿐이었다.

그 큰 매장에 직원이 달랑 네 명뿐인데, 그중 한 명은 빗자루를 들고 다니는 미화원 아주머니다. VIP 손님용 상담실은 꿈도 꿀 수 없는 상황. 우리는 그냥 매장 가운데 놓인 작은 테이블에 앉아 몰드 가격을 놓고 신경전을 벌여야 했다. 미리 준비해간 선물 보따리부터 푼 다음, 드디어 담당 매니저와 몸짓 반, 표정 반으로 협상에 들어갔다.

"한국에서 왔다. 이 귀한 선물은 당신을 위해 오래전부터 준비한 것이니 받아줘라."

"일단 선물은 고맙다. 근데 당신들 왜 왔나?"

"당신들이 생산하는 몰드를 잘 쓰고 있다. 우리는 한국에서 제일 큰 초콜릿아카데미를 운영하고 있으며 졸업생도 수없이 많다. 그래서 하는 얘긴데, 너희가 만든 몰드를 좀 싸게 주면 많이 팔 수 있을 것이다. 싸게 줄 수 없겠나?"

"얼마나 필요한가?"

"글쎄, 얼마나 사면 싸게 줄 수 있는가?"

"이만~ 큼 사가면 출고 가격에서 20퍼센트 싸게 주겠다."

"더 싸게는 안 되겠나?"

"안 된다."

초콜릿월드사 내부.

"알았다. 우선 쇼핑 먼저 하고, 나중에 다시 이야기하자."

초콜릿월드에서는 벨기에에서 생산된 것만 아니라 이탈리아에서 생산된 몰드도 함께 판매하고 있다. 개인적으로는 벨기에 초콜릿월드 몰드보다는 이탈리아 몰드가 더 맘에 든다. 벨기에 몰드는 3차원적인 모양에 신경을 많이 쓴 데 비해 이탈리아 몰드는 자신만의 독특한 문양에 더 신경을 쓴 듯한 느낌이었다. 이 때문에 이탈리아 몰드가 고전적인 문양을 세련되게 처리한 것 같았다.

아무튼 카트에 정신없이 몰드를 쓸어 담다 보니 결제 금액이 자그마치 1,860유로, 우리 돈으로 280만 원어치였다. 쓸어 담은 몰드를 계산대에 올려놓고 '우리 이 정도다!' 하는 눈빛으로 기를 죽이고 과감하게 결제했다. 그리하여 우리는 초콜릿월드사에서 생산하는 여러 가지 도구와 몰

다양한 몰드.

초콜릿월드사 내부.

드를 이전 구매가보다 더 싸게 구입할 수 있었다.

많은 몰드와 도구, 자료를 가지고 우리는 다음 목적지인 칼리바우트사에 가기 위해 알스트로 향했다. 기차편이 없는데다 택시비가 너무 비싸서 우리는 있는 돈 없는 돈 싹싹 긁어모아 렌터카를 이용하기로 했다.

약 한 시간 만에 알스트에 있는 바리칼리바우트사에 도착한 우리는 공장 견학과 더불어 현지에 오지 않으면 쉽게 구하지 못했을 귀중한 자료를 받았다.

이제 다음 여정은 프랑스! 그런데 이게 웬일인가. 카메라를 초콜릿월드사에 두고 온 것이 아닌가. 이 때문에 계약했던 것보다 훨씬 많은 돈을 렌터카에 쏟아 부은 끝에 겨우 카메라를 되찾았다. 초콜릿월드사까지 되짚어 갔다오는 바람에 시간에 쫓기며 겨우 프랑스로 향하는 기차에 올라탈 수 있었다. 일행에겐 미안했지만, 심장과도 같은 카메라를 되찾아서 얼마나 다행인지 모른다. 역시 여행에선 생각지 못한 변수가 생기기 마련인가 보다.

5일차, 프랑스, 파리의 봉봉초콜릿 노점상과 초콜릿 숍

그동안 여행길에서 수집했던 서적과 자료 등으로 인해 무거워진 가방을 가볍게 하기 위해 아침 일찍 우체국부터 찾았다. 그동안 수집한 자료 등을 부치려고 보니 7킬로그램에 45유로, 한화로 약 7만 원이다. 웬만한 책 두세 권

르노트르.

이면 5킬로그램을 훌쩍 넘는다. 일단 1차로 4박스, 약 28킬로그램을 한국으로 보내고 몽마르트로 향했다. 몽마르트 정상에 다다르자 샤르케르 성당이 한눈에 들어온다. 노천카페에 앉아 진한 에스프레소를 마시며 에펠탑을 감상하고 싶지만, 그럴 시간이 없었다.

헌데, 참으로 놀라운 광경이 펼쳐졌다. 우리나라 같으면 '불량식품'이나 팔 만한 길거리 좌판에서 봉봉(프랄린)초콜릿을 파는 게 아닌가. 가까이 다가가서 살펴보니 우리나라 고급 숍 쇼윈도에 있는 물건이라 해도 손색이 없을 정도였다. 이것이 바로 우리와 다른 그들의 초콜릿문화였다.

몽마르트를 내려오니 시계바늘은 여섯 시를 가리키고 있었다. 우리는 지하철을 타고 개선문에 내렸다. 옛날 나폴레옹이 전쟁에서 이기고 돌아온 것을 축하하기 위해 지어진 개선문을 바라보며 프랑스 국민에게 무한한 사랑과 신뢰를 받았던 나폴레옹을 생각해보았다.

다른 콘셉트의 르노트르 매장.

르노트르에서 판매중인 초콜릿 도구와 서적.

르노트르 내부.

개선문을 뒤로 한 우리는 혹시나 쓸 만한 초콜릿 가게라도 발견할 수 있을까 하는 마음으로 앞에 펼쳐진 샹젤리제 거리를 걷기 시작했다. 그렇게 걷다가 우연히 만난 첫 번째 초콜릿 숍이 르노트르다. 이 집에서는 사실 초콜릿만 파는 게 아니라 비슷한 류의 제품을 거의 다 갖추고 있었다. 르노트르는 프랑스를 여행하면서 자주 만나게 되었는데, 재미있는 건 적지 않은 수의 르노트르가 약간씩 콘셉트가 다르다는 점이다. 즉 똑같은 르노트르 가게는 하나도 없었다.

일단 우리는 용감하게 문을 열고 들어가 거금을 주고 몇 가지 초콜릿을 산 다음 길거리에 앉아서 시식했다. 비싼 간식을 먹고 다시 에펠탑을 향해 걷는 도중 또 르노트르를 발견했다. 본사에서 직영하는 가게였다. 이곳에서도 역시 거금을 주고 몇 개를 샀다. 그리고 이번에는 숍 안에 폼 잡고 앉아서 맛을 음미하려는 순간, 이제 문을 닫을 테니 나가란다. 결국 우리는 또다시 길거리에 앉아 시식을 할 수밖에 없었다.

벌써 날이 저물기 시작한다. 해지기 전에 에펠탑에 도착해야 하는데, 발걸음은 점점 느려지고 가방은 점점 무거워진다. 이윽고 에펠탑이 빨간 옷으로 갈아입기 시작하더니 우리가 도착했을 때는 날이 완전히 저물어 노란 옷으로 갈아입은 뒤였다. 에펠탑이 어떤 빛을 발하고 있건 상관없이

세계에서 모여든 젊은이들은 그 앞에서 사랑을 나누고 기념사진을 찍기 위해 정신이 없다.

시계바늘은 어느덧 열한 시를 가리키고 있었다. 꼬박 열여섯 시간을 걸은 상태에서, 호텔로 돌아갈 일이 꿈만 같다. 지하철은 안 다닐 거라고 믿고 싶고, 버스는 더더욱 안 다닐 거라고 굳게 믿으면서 정말이지 '할 수 없이' 택시를 잡아탔다. 호텔에서 늦은 식사를 하고, 침대에 쓰러지자마자 곧바로 잠이 들어버렸다.

6일차, 프랑스의 르노트르아카데미 수업, 초코스토리 초콜릿박물관

이날부터 며칠간 초콜릿 수업이 있었다. 개선문이 보이는 곳에서 북쪽으로 약 1킬로미터쯤 떨어진 한적한 곳에 위치하고 있는 르노트르아카데미 본점은 레스토랑과 카페 그리고 요리도구나 책을 살 수 있는 공간 등 복합적인 구조로 만들어져 있다. 수업도 여기서 이루어진다.

오늘의 셰프는 피에르 프레보스트로. 르노트르 전속이 아니라 프리랜서 같았다. 수업을 시작하기 전에 친절하게도 수업을 영어와 프랑스어 중 어떤 걸로 하는 게 좋을지 묻는다. 어차피 둘 다 잘 못 알아들으니 아무거나 상관없다는 대답에 모두 배를 잡고 웃는다. 마침내 수업이 시작됐다. 워낙 고가의 수업료를 지불한 터라 우리는 진지한

초코스토리 초콜릿박물관.

초코스토리 전시물.

모습으로 하나하나 메모를 해가면서 충실하게 수업을 받았다.

오전 수업이 끝난 뒤 오후 수업을 기다리는 동안 주위를 돌아보려는 참에 우연히 초코스토리라는 초콜릿박물관이 가까운 데 있다는 것을 알게 되었다. 당연히 우리는 그곳으로 향했다.

초코스토리 역시(?) 건물 외관에서 약간의 실망감을 안겨주었지만, 전시물이나 완성도는 내가 지금까지 보았던 박물관 중에서 가장 좋았던 것 같다. 그래서 그랬는지 이번 여행 중 가장 돈을 많이 쓴 곳 중의 한 곳도 바로 초코스토리였다. 물론 가장 많은 지출은 책이었고, 두 번째는 몰드 등 자료들이었지만, 여기에서도 무려 1,000유로가 넘는 돈을 썼던 것이다. 전시물을 보여주고 끝나는 것이 아니라 별도로 수익을 창출할 수 있게 만들어놓은 그들의 시스템이 은근히 부럽기만 했다.

초코스토리에서 다시 가방을 가득 채운 우리는 서둘러 르노트르 아카데미 본점으로 가서 오후 수업을 들었다. 다행히 옆에서 같이 수업을 듣던 프랑스 아주머니 한 분이 영어를 잘하는 덕에 수업 내용을 일일이 영어로 통역해주는 수고를 해주었다. 나는 마치 통역을 다 알아듣는 척 미소를 띠었지만, 솔직히 아는 척하는 게 더 곤욕이라 그냥 통역을 안 해주는 게 더 나았을 뻔했다.

수업을 들으며 느낀 점은 선생님과 학생 사이에 위계질서가 있는 그런 딱딱한 분위기가 아니라 '우리'라는 느낌을 주는 가족적인 분위기라는 것이었다. 비싼 돈을 내고 뭔가 배우는 특별수업이 아니라 같은 것을 공유한다는 반가움이 먼저 느껴지는 수업이었다.

한 클래스는 보통 10~15명으로 이루어지는데, 레시피만이 아니라 초콜릿의 특징과 역사 그리고 문화 등을 함께 배울 수 있어서 더욱 유익했다.

르노트르에서 수업을 마치고 호텔로 돌아오는 길에 들렀던 다니엘이라는 초콜릿 숍은 언뜻 보면 장사가 잘 될 것 같지 않은데도 상당히 오래된 곳이라니 먹고 살만은 한가 보다 하는 생각이 들었다. 어쨌든 이런 종류의 초콜릿 숍이 심심찮게 눈에 띄는 것을 보면 초콜릿을 좋아하는 나라임은 틀림없는 것 같았다.

힘든 하루가 끝나고 호텔로 돌아온 우리는 라면으로 저녁을 대신하고 잠자리에 들었다.

7일차, 프랑스의 르 코르동 블루

오늘은 110년 전통의 프랑스 요리학교 르 코르동 블루를 방문하는 날이다. 잘못된 주소 탓에 아침부터 엉뚱한 곳을 헤매다 어느 호텔 프런트의 도움으로 겨우 르 코르동 블루를 찾을 수 있었다. 하지만 잘못된 주소를 들고 헤맨 덕분에 두 개의 초콜릿 숍을 발견하는 행운을 얻기도 했다. '제프 드 브뤼즈'라는 초콜릿 숍은 초콜릿을 위한 작은 소품이 즐비해서 눈을 즐겁게 해주었고, '파티세'는 초콜릿뿐만 아니라 빵과 과자 등을 함께 파는 패스트리 점이었다. 만들어놓은 빵이나 과자의 모양이 장난이 아니었건만 험상궂게 생긴 직원 때문에 사진에 담지 못한 게 아쉽다.

드디어 르 코르동 블루에 도착한 우리는 매니저와 많은 이야기를 나누었다. 한국 숙명여대에서 운영하고 있는 프로그램과 르 코르동 블루의 프로그램 사이에 약간의 차이

르 코르동 블루.

를 느낄 수 있었지만, 기대했던 것에 비해 조금 실망한 것도 사실이다. 우선 돈을 벌기 위한 거대한 기업 같다는 생각이 들었고, 비싼 수업료에 비해 내용의 질이 많이 떨어지는 것 같았다.

오전에는 셰프가 만드는 몇 가지 요리의 데모 수업을 들었다. 통역사가 프랑스어를 영어로 통역해주는데, 얼마나 오래 했는지 셰프를 보지 않고도 다음에 뭘 할 것인지 미리 알고 통역을 해줄 정도였다. 웬만한 질문은 자기 선에서 끝냈다.

오후에는 그중 한 가지를 직접 만들어 평가를 받아야 하는데, 머나먼 타국에서 개인 연습실까지 가진다는 것은 사실상 불가능한 일이지만 실습실은 따로 없다. 결국 연습은

개인의 몫인 셈이다. 게다가 약 10퍼센트 정도의 학생을 정책적으로 유급을 시키는데, 그러면 돈을 내고 다시 배워야 한다.

이런저런 것을 보면서 르 코르동 블루에 대한 신뢰가 많이 떨어진 건 사실이다. 하지만 100년이 넘는 프랑스의 요리 학교니, 한 번쯤 시스템을 견학해볼 가치가 있다고 판단한 우리는 르 코르동 블루의 구석구석을 이 잡듯이 둘러보았다. 학교 내의 진열품은 모두 판매용인데, 가히 요리계의 루이비통이라 할 정도로 그 가격이 어마어마했다.

르 코르동 블루에서 얻은 자료 등을 가방에 넣고 벽돌길을 걷기 시작했다. 오늘 오후에는 유명한 초콜릿 숍을 몇 군데 방문하기로 했다.

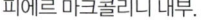
피에르 마크콜리니 내부.

피에르 마크콜리니.

라 메종의 사각형 초콜릿.

프랑스에서 보기 드문 그리스식 건물인 마들렌성당 바로 앞에 위치한 파페트릭 로쉐는 언뜻 보면 초콜릿을 파는 가게 같지 않다. 내 생각에는 초콜릿의 색을, 별로 먹고 싶은 생각이 들지 않게 만드는 것 같았다. 기분 탓일까. 이 집에서 먹은 초콜릿에서는 별로 특별한 맛을 느끼지 못했다. 엊그제 들렀던 라뒤레의 다른 매장을 방문해보니 그곳과는 사뭇 다른 콘셉트로 매장이 꾸며져 있다. 파리에서 마카롱이 가장 맛있다고 소문난 이곳에서 나도 마카롱 몇 개를 사 먹어본다. 그중 피스타치오와 블랙베리가 제일 맛있었다.

라뒤레를 지나 한국에도 잘 알려져 있는 라 메종 뒤 쇼콜라를 들렀다. 신기한 점은 여기서 만난 초콜릿이 모두 사각형이란 점이다. 원래 원형으로 된 초콜릿이 없었는

지, 궁금증이 확 밀려온다.

이어서 파리 인터콘티넨털 호텔 앞에 있는 피에르 마크콜리니를 방문했다. 1995년 프랑스 리옹 월드 챔피언 페이스트리에서 우승을 하면서 이름을 알리기 시작한 피에르 마르콜리니는 2013년 서울 살롱드 쇼콜라 참석을 계기로 인연이 닿아 친분을 쌓고 있는 쇼콜라티에 중 한 명이다. 그는 남자인 내가 봐도 잘생겼다는 생각이 절로 드는데, 그래서 그런지 여성들이 특히 그의 초콜릿을 좋아한다.

시계바늘이 네 시를 넘어가는데도 해는 아직 중천이다. 날이라도 빨리 저물어야 핑계 김에 호텔로 돌아가 피곤한 몸을 쉴 텐데, 10시나 돼야 해가 지는 탓에 그때까지 초콜릿 숍 투어를 계속할 수밖에 없었다.

배도 고프고 다리도 아파 잠시 들어가 쉴 곳을 찾으며 걷다가 장 폴 예방의 매장에 도착했다. 장 폴 예방 역시 2013 서울 살롱 드 쇼콜라에서 친분을 쌓은 사람 중 한 명이다. 마침 자리를 비워서 만나지는 못했지만 아마도 만났으면 무척 반가워했을 것이다.

힘든 몸을 쉴 곳에 드디어 도착했다. 안젤리나였다. 그리고 파리 안젤리나에 가면 꼭 먹어보라고 신신당부까지 받았던 몽블랑을 주문했다.

안젤리나.

라면 사리를 올려놓은 것같이 생긴 것을 굳이 파리까지 와서 먹어야 하나 싶었지만 한 숟가락 입에 넣는 순간, 그런 생각은 말끔히 사라지고 정말 잘 왔다는 생각이 꽉 차올랐다.

그리고 새털같이 가벼운 주머니 사정 때문에 성인 남자 셋이서 달랑 커피 한 잔에 몽블랑 하나를 주문했건만, 너무나도 친절한 서빙 덕택에 불편함과 불쾌함을 느끼지 않아서 더욱 좋았다. 유럽 여행 중 가장 호사스러운 경험을 마친 우리는 다음에는 좀 더 우아하고 럭셔리하게 먹기를 기원하며 다시 초콜릿 숍을 찾아 헤매기 시작했다.

그러던 중 한국의 방산시장과 비슷한 곳을 발견했다. 초콜릿 및 베이커리에 필요한 도구나 재료를 파는 상점이 몰려 있었는데 100년도 넘은 가게가 개업을 할 때 입고되어 아직도 팔리지 않은 그릇들이 즐비하여 마치 도구 박물관에 온 것 같은 느낌이 들기도 했다.

나는 이번 유럽 초콜릿 투어를 통해 독일과 벨기에, 프랑스에서 초콜릿에 대한 많은 기억과 정보를 정신없이 주워 담았다. 그리고 한국으로 돌아가면 이 자료를 토대로 가을에 다시 예정된 여행을 더욱 알차게 준비하여 더 큰 결실을 맺겠다고 결심했다.

8일차, 영국의 다양한 관광 명소

독일과 벨기에, 그리고 프랑스 여행을 마치고 우리는 유럽 대륙에서 살짝 떨어진 섬, 영국으로 향했다. 프랑스와 영국을 잇는 교통수단은 비행기뿐만 아니라 도버해협을 관통하는 해저터널을 거치는 유로스타가 있다. 프랑

장 폴 예방.

장 폴 예방의 초콜릿.

안젤리나 몽블랑.

스의 테제베(TGV)가 바로 유로스타의 객차로 이용된다.

유로스타를 타고 킹스크로스 역에 도착한 우리는 일단 숙소에 체크인한 후 본격적인 영국 여행을 위해 호텔을 나섰다.

초콜릿도 물론 중요하지만, 우선 영국의 다양한 관광명소를 순회하기로 하였다. 그리하여 선택된 우리의 첫 번째 목적지는 비틀즈의 거리 아비로드(Abbey Road)였다. 비틀즈의 11집 정식 앨범 표지의 배경이 되었던 그 거리에는 남녀노소를 불문하고 세계 각국의 많은 이들이 건널목 걷는 장면을 패러디하며 사진을 찍고 있었다.

아비로드를 떠나 우리는 노팅힐에 자리한 포토밸로(Portobello) 시장으로 향했다. 런던의 유명한 벼룩시장이자 상설 재래시장인 이 곳에서는 영화 〈노팅힐〉에 나오는 서점을 만날 수 있다. 영화 속 주인공의 사랑이 시작된 그곳, 노팅힐 서점. 서점에서 영화를 다시 한 번 되새기고 나

와 재미있는 시장 구경을 하였다. 촌스러울 수 있는 색깔을 재치있게 잘 살린 시장길을 뒤로 하고 우리는 영국의 명물 빨간 이층 버스를 타고 빅벤(Big Ben)으로 향했다. 이층에 올라 창밖을 내다보니 런던 시내가 더 잘 보이는 것 같았다.

버스에서 내려 모퉁이를 도는 순간 눈앞에 펼쳐진 마가렛 성당의 자태는 실로 우아했다. 이를 시작으로 '런던' 하면 자연스레 떠오르는 빅벤과 런던아이, 그리고 타워브리지가 차례차례 내 품 안에 들어왔다. 영화 속에서만 봐왔던 런던의 명물을 둘러보고 나자 본연의 자세로 돌아와 영국의 초콜릿 숍을 조금이라도 둘러보기로 하였다.

부인이 일본인이라 인테리어와 매장 내 소품이 일본 분위기를 풍기는 윌리엄커리를 시작으로 프랑스에서 건너온 브랜드인 라티션 뒤 쇼콜라(L'artisan du chocolat)를 둘러보았다. 컬러풀한 초콜릿이 많았던 이 매장에서는 펄

파우더를 듬뿍 입힌 형형색색의 초콜릿이 대표적이었다. 다양한 색상의 초코볼이 담긴 유리병은 맛도 맛이지만, 시각적으로 승부를 겨룰만한 정도로 아름다운 초콜릿으로 기억된다. 오늘의 마지막 방문지는 로코코(Rococo)였다. 흰 바탕 위에 판화로 그린 새와 곤충의 이미지로 유명한 로코코 초콜릿은 일러스트와 핸드라이팅을 사용한 패키지가 단연 독보적이었다.

오늘은 아쉽지만 이렇게 세 초콜릿 숍만 둘러보고 숙소로 돌아왔다. 오늘 다 둘러보지 못한 초콜릿 숍은 내일 다 둘러볼 것을 기약하며 잠자리에 들었다.

9일차, 영국의 초콜릿 숍

날이 밝기 무섭게 우리는 숙소를 나섰다. 본격적인 초콜릿 투어에 앞서 우리는 어제 가지 못했던 판크로스역으로 향했다. 해리포터가 마법의 학교에 가기 위해 기차를 탔던 9와 3/4 플랫폼에서 사진을 찍고 발걸음을 돌려 우리는 다시 초콜릿의 세계로 떠나기 위해 지하철을 탔다.

오늘 첫 번째 방문 숍은 다스칼리데 스(DasKalide's)였다. 길을 지나가다 우연히 발견한 이 초콜릿 숍은 개인이 운영하는 공방 형태여서 초콜릿 제품에서 장인 정신이 느껴졌다. 그다음은 유럽 어디서나 만날 수 있는 고디바(Godiva)

에 들렀다. 오페라하우스 근처에 있는 고디바 매장이었는데 유행인지 아니면 일본의 엄청난 마케팅 작업 때문인지 정확히 알 수 없지만 초콜릿 포장이 매우 일본풍으로 변해있었다. 세 번째 초콜릿 숍은 터키 초콜릿 전문점인 카브 던야시(Kahve Dunyasi)였다. 초콜릿뿐만 아니라 마카롱도 함께 팔고 있었는데 솔직히 우리나라 마카롱보다 별로 맛이 없었다.

카브 던야시를 나와 다음 초콜릿 숍으로 이동하던 중 우연히 벼룩시장을 만났다. 기쁜 마음으로 구경하던 도중 충격적인 장면이 포착되었다. 골목 한편에서 우리네 포장마차처럼 옹색하게 벌린 좌판에 우리 한국초콜릿연구소 배지가 떡하니 있는 게 아닌가?

이것이 어떻게 이곳까지 흘러왔는지 신기함을 감출 수 없어 주인아저씨에게 "내가 저 배지 주인"이라고 하니 믿지 않는 눈치이다. 그래서 배지 속 로고가 박힌 명함을 보여주자 주인아저씨도 깜짝 놀라며 악수를 청한다. 이런 기막힌 인연으로 공짜 배지까지 하나 얻게 되었다.

시장에서 얻은 행복한 기운을 안고 찾은 초콜릿 숍은 유럽 어디에서나 종종 볼 수 있는 라 메종 뒤 쇼콜라(La Maison du Chocolat)였다. 더이상 설명이 필요 없는 프랑스 브랜드 고급 수제 초콜릿이다. 다음 다섯 번째로 방문한 초콜릿 숍은 라두레(Laduree)로 파리 여행에서 자주 만난 숍이었다. 초콜  나오며 만난 영국 노신사
릿보다 마카롱이 유명 도 기억에 남는다. 한국에
한 이 브랜드는 특히 런 서 왔다는 말에 한국전쟁
던과 파리에 많이 입점 에 참여해서 받은 훈장을
해 있는 유럽에서 꽤 유 내게 내보이며 자랑한다.
명한 브랜드다. 영국의 젊어서 처음 만난 외국 사
비싼 물가 때문에 이곳 람이 한국 사람이어서 죽
에서 마카롱은 먹지 못 기 전 마지막으로 만나는
했지만, 유럽 전역에 있 외국인도 한국인이고 싶
는 매장의 인테리어 역 다는 의미심장한 말을 남

사와 스토리를 정리하여 발간한 팝업북은 탐이 났다. 긴 채 그는 홀연히 사라졌다.

여섯 번째 방문지인 가나슈 쇼콜라티에(Ganache
Chocolatier)도 개인이 운영하는 숍으로 매장 뒤에 공방
이 있어 만드는 모습을 직접 볼 수는 없었다. 아마 가게
이름 뒤에 쇼콜라티에(Chocolatier)라고 표시하면 개인
이 직접 만들어 운영하는 가게를 뜻하는 모양이다. 이곳
에는 각종 젤리와 사탕, 누가가 많았는데 가만 생각해보
니 정작 초콜릿은 못 본 것 같다.

일곱 번째로 방문한 초콜릿 숍은 리버티(Liberty)로,
말 그대로 초콜릿의 Liberty, 즉 초콜릿의 무한 자유가
허용된 곳이었다. 매장 앞을 지키고 있는 런던 병정 마네
킹 뒤로 아마도 영국에 있는 모든 초콜릿이 여기에 다 모
인 듯하였다. 오늘의 마지막 방문지는 보라색 간판과 외
부 인테리어가 인상 깊은 폴에이영(paul.a.young)이었
다. 시선을 사로잡는 보랏빛에 비해 초콜릿 맛은 그다지
인상 깊지 못했다.

온종일 초콜릿 숍을 방문하느라 식사를 하지 못했던
우리는 영국에서 처음이자 마지막 식사로 피시 앤 칩스
(Fish&Chips)를 먹었다. 영국에 오면 꼭 먹어봐야 하는
요리라는데, 약 20파운드 정도 준 것 같다. 식사를 마치고

10일차, 초콜릿 투어의 종지부

다시 날이 밝아 비행기에 오르기 전 마지막으로 노이하
우스(Neuhaus)를 방문했다. 한국에서도 이미 유명한 노
이하우스를 끝으로 영국에서의 일정을 마감하였다. 입출
국 심사가 까다롭고 악명 높다는 영국 히드로 공항에서 무
사히 출국심사를 마친 우리는 비행기에 몸을 실었다.

이번 유럽 초콜릿 투어를 통해 독일과 벨기에, 프랑스,
그리고 영국에서 초콜릿에 대한 많은 기억과 정보를 정신
없이 주워담았다. 한국으로 돌아가면 이 자료를 토대로 가
을에 다시 예정된 여행을 더욱 알차게 준비하여 더 큰 결
실을 맺을 수 있을 것이란 부푼 꿈을 안고 유럽 초콜릿 투
어의 종지부를 찍었다.

카카오에서 초콜릿까지

2장

카카오의 배유(cacao nibs), 즉 씨앗 속에서 발아하기 위한 양분을 저장하고 있는 알맹이(배젖)를 닙스라 부르는데, 우리가 먹는 초콜릿이 바로 이 닙스를 가공한 것이다.

카카오
열매

초콜릿의 원료는 카카오다. 카카오는 잎이 큰 굴참나무와 같은 벽오동나무과에 속하는 다년생 열대식물로 북위 20도에서 남위 20도 사이에 주로 분포한다. 카카오는 성장환경이 꽤 까다로운데, 섭씨 20도 이상의 일정하고 따뜻한 온도와 연 강수량 200밀리리터 이상의 높은 습도가 갖춰진 곳이라야 잘 자란다. 또한 그늘 밑을 좋아하는 습성이 있어, 예전에는 밀림의 수목 아래에 카카오나무를 심었다.

키 5미터가량의 카카오나무는 75년에서 길게는 100년 이상 열매를 생산할 수 있는데, 야생종은 그 높이가 수십 미터에 이르기도 한다.

카보스는 카카오 열매(cacao pot)를 뜻하는데, 1센티미터 이상의 단단한 외피로 둘러싸여 있어 아프리카에서는 큰 칼로 힘을 줘서 가른다. 카카오 씨앗은 한 줄에 열 알 정도 달려 있으며, 카보스 한 개에 다섯 줄 정도의 카카오 씨앗이 빼곡하게 들어 있다. 이는 곧 씨방이 다섯 개로 구성되어 있음을 뜻한다. 16세기 아프리카에서는 카카오 씨앗 열 알이면 토끼 한 마리를 살 수 있었다고 하니, 카보스 한 개가 토끼 다섯 마리의 가치를 갖고 있었음을 알 수 있다.

카카오의 배유(cacao nibs), 즉 씨앗 속에서 발아하기 위한 양분을 저장하고 있는 알맹이(배젖)를 닙스라 부르는데, 우리가 먹는 초콜릿이 바로 이 닙스를 가공한 것이다.

카카오 열매의 종류 세 가지

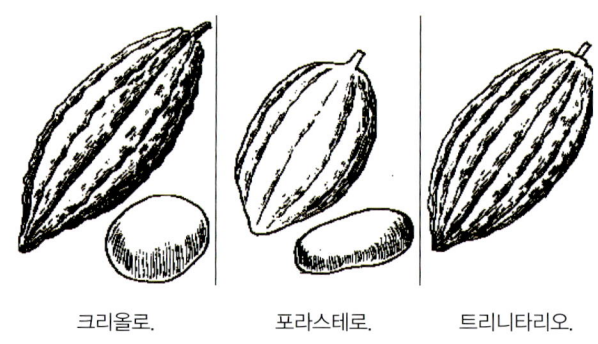

크리올로.　　　포라스테로.　　　트리니타리오.

카카오는 1720년 스웨덴의 식물학자 린나에우스(Linnaeus)에 의해 테오브로마 카카오(Theobroma Cacao)라는 학명이 붙여졌다. 테오(Theo)는 신을 의미하고, 브로마(broma)는 음식을 뜻한다. 이처럼 고대 마야 문명과 아스텍 문명에서 '신들의 음식'이라 불릴 만큼 신성하다고 여겨지던 카카오는 중남미에서 자생하는 식물이었다. 카카오는 태어나면서부터 자기 색깔을 지니는데,

그 종류는 크게 세 가지로 나눌 수 있다.

1. 크리올로(Criollo) *

열매의 껍질이 약하고 얇아 병충해에 약하며 초콜릿 색상이 옅은 편에 속한다. 맛과 향이 뛰어난 데 반해 생산성이 매우 낮아 희귀한 편으로, 카카오 시장의 1퍼센트 정도를 차지한다. 대부분 베네수엘라에서 재배되며 까라께(Caraque)와 마다게스까르(Madagascar), 마라카이보(Maracaibo), 추아오(Chuao), 까노아보(Canoabo) 그리고 오쿠마레(Ocumare) 정도의 지역종이 알려져 있다.

2. 포라스테로(Forastero)

비교적 질이 낮지만 생산성이 높아 카카오 생산량의 90퍼센트 이상을 차지한다. 아마존 유역에서 발생하였으며 몇몇 유명한 지역종을 제외하고는 대부분 다른 종의 카카오와 블랜딩되어 사용된다. 에콰도르의 암바(Amba)가 대표적인데, 이를 나시오날(Nacional) 종이라 부르기도 한다.

3. 트리니타리오(Trinitario)

크리올로 종과 포라스테로 종의 결합종으로 고급 카카오라 할 수 있다. 카리브해의 남동부에 있는 트리니다드 토바고의 주요 섬인 트리니다스에서 18세기에 우연히 발생한 전염병으로 크리올로 종이 전멸함으로써 전 남미의 2퍼센트 정도밖에 남지 않게 되었다. 이 때문에 초콜릿을 만들기 힘들어지자 베네수엘라의 포라스테로 종을 이식했다. 이때 살아남은 코리올로 종과 포라스테로 종이 결합하면서 유전적 형질 변경이 일어나 두 종의 장점을 가진 트리니타리오 종이 생겨나게 되었다.

오늘날 쌀의 종류가 매우 다양해진 것처럼 카카오의 종류도 시간이 지남에 따라 다양해졌다. 그래서 이제는 종 자체보다는 어느 나라에서 재배된 종인지가 중요해졌다. 같은 종이라 해도 어느 나라의 어느 지역에서 재배하느냐에 따라 이름이 달라지기 때문이다. 앞에서 카카오의 색깔은 변하지 않는다고 했지만, 교배종이 만들어지면서 초록색 카카오가 노란색으로 변하는 등, 전에 없던 새로운 성질이 나타나고 있다. 카카오가 자라는 지역 역시 남미에서 아프리카로, 동남아시아로 점차 넓어지고 있다.

카카오 꽃과 카카오 열매

카카오 열매.

열대 식물인 카카오는 북위 20도에서 남위 20도 사이에서 잘 자라므로 커피 벨트와 카카오 벨트는 거의 흡사하다고 볼 수 있다. 우리나라의 경우 온실에서 기온과 습도를 맞출 수는 있지만 빛의 조도를 매개해주는 '미젯'이라는 곤충이 부족하기 때문에 카카오나무를 제대로 키우는 건 쉽지 않다.

구름이 많고 높은 습도를 좋아하는 카카오는 성장환경

---

* 크리올로 종의 원종이라고 불리는 포셀라나(Porselana)는 베네수엘라에서 재배되었으며 아스텍의 희생의식에 사용되었던 카카오다. 지금의 포셀라나는 당시의 원종으로 보기는 힘들지만, 여전히 최고급 카카오로 인정받고 있다. 도자기라는 뜻의 포셀레인에서 이름 붙여진 이 종류는 카카오 빈의 단면이 투명할 만큼 흰색을 띤다. 한때 마라카이보 항에서 선적되었기 때문에 마라카이보(Maracaibo)라 불리기도 한다.

이 매우 까다로운 편인데, 섭씨 20도 이상의 따뜻하고 일정한 온도와 연 강수량 200밀리리터 이상이 되어야 한다. 또 열대성 식물이긴 하지만 태양을 아주 좋아하는 편은 아니어서 반그늘 지역에서 더 잘 자란다. 따라서 밀림의 수목 아래 카카오나무를 심거나 중간중간 키 큰 나무를 심어주는데, 이를 섀도 트리(Shadow Tree)라 한다. 요즘은 카카오나무를 키울 때 아예 나뭇가지가 그늘이 되도록 하여 열매가 그늘 밑에 열리게 하기도 한다.

카카오나무가 5미터 정도 자라면 75년에서 100년 이상 열매를 생산해낼 수 있지만 경제적인 면을 고려해서 보통 25년 정도 수확하고 난 뒤 새 나무를 심는다. 카카오나무는 자연 상태에서 10~15미터 이상 크게 자라지만 수확량을 위해 가지를 다듬어 정리하는 전정을 해야 한다. 때문에 이제는 나무를 크게 키우지 않고, 옆으로 키우는 기법이 자리 잡았다.

심은 지 3년에서 5년 사이에 첫 열매를 생산하는 카카오나무는 벽오동나무 과에 속하는 다년생 열대식물의 특성상 1년 내내 꽃이 피고 열매를 맺는다. 카카오 열매가 맺히면 열매 주위의 꽃을 솎아내 수확 시기를 조정하는데, 초콜릿을 만들기 위해서는 열매의 숙성시간이 필요하므로 5~6월과 11~12월로 나눠 일 년에 두 번만 수확한다. 따라서 카카오나무 한 그루에서 꽃은 2,000송이 이상 피지만, 실상 열매를 맺는 건 200개 정도에 불과하다.

카카오나무는 한 그루에 30~40센티미터 정도 크기의 카카오 열매가 보통 20~40개 정도 열리는데, 가지 끝에 달리는 다른 과실과 달리 카카오는 나무줄기에 바로 열리는 특징이 있다. 분홍빛의 작은 카카오 꽃은 카카오나무의 줄기와 큰 가지를 따라 피어나며, 수분된 후에는 럭비공 모양의 카카오 열매인 카카오 포드가 가지에 달리게 된다.

카카오 열매 한 개에서는 100그램 정도의 카카오 빈이 나오는데, 숙성과 건조가 끝나면 40그램 정도가 된다. 이를 로스팅하면 38그램 정도로 줄어들고, 빈의 껍질을 벗겨낸 뒤 그라인딩하여 카카오 매스로 만들면 33그램이 된다. 이것으로 가장 대중적인 70퍼센트 다크초콜릿을 50그램가량 만들 수 있다.

카카오 열매의
1차 공정과
2차 공정

카카오나무는 3년에서 5년 사이에 첫 카카오 열매를 맺는다. 이후 카카오나무는 일 년 내내 꽃을 피우고 열매를 맺지만, 초콜릿을 만들기 위한 숙성시간을 고려하여 일 년에 두 번만 카카오 열매를 수확한다. 따라서 한 해 카카오나무에서 200개가량의 카카오 열매가 생산되는데, 이 열매가 초콜릿이 되기 위해서는 1차 공정과 2차 공정을 거쳐야 한다.

1차 공정은 카카오나무에서 수확한 카카오 열매를 초콜릿의 원료인 카카오 매스와 카카오 버터, 카카오 파우더 등으로 만들기 전까지의 공정을 말한다. 2차 공정은 앞서 열거한 초콜릿의 원료를 만들어 배합하거나 가공하여 초콜릿으로 만드는 과정이다.

초콜릿 1차 공정

1. 잘 익은 카카오 열매(카카오 포트)를 따서 머리 부분을 자른다.

2. 몸통을 가른다. *

3. 잘린 껍질을 떼어낸다.

4. 카카오 빈을 꺼낸다. 흰색으로 보이는 부분이 과육인데, 맛은 약간 단맛이 난다. 밑은 카카오 빈을 담는 마대로 생산지와 생산번호가 씌어 있다. 카카오 열매 하나당 카카오 빈의 수는 약 40개 정도다.

---

* 아프리카 지역에서는 카카오 열매를 가를 때 열매의 긴 부분을 완전히 반으로 잘라서 가르지만 나머지 지역에서는 세로로 길게 가른다. 동남아에서는 머리 부분을 잘라내고, 배 부분을 남미 지역같이 길게 반으로 자른다. 이렇게 다른 이유는 뭘까? 특별한 이유가 있는 것 같지는 않고 그저 오랫동안 내려오던 습성의 차이인 것 같다. 하지만 카카오 빈을 가공할 때 카카오 빈을 잡고 있는 과즙의 줄기를 제거하는 것이 중요하다는 점을 감안해보면, 동남아의 방법이 제일 합리적이라 할 수 있다.

5. 톱밥을 이용하여 손으로 적당히 문질러 과육을 벗겨낸다. 이때 모래 등을 사용하면 카카오 빈 표면에 상처를 줄 수 있으므로 주의해야 한다.

6. 과육을 완전히 벗겨낸 뒤 물에 적신 솜 위에 두면 4~5일이 지나 싹이 튼다. 이때 실내온도를 섭씨 22~27도로 유지해준다.

7. 싹이 트면 손가락으로 흙을 눌러 카카오 빈을 심는다.

8. 싹이 난 쪽을 아래로 두어 카카오 빈이 반쯤 잠기게 심는다. 부패를 방지하기 위해 흙으로 완전히 덮지 않도록 주의한다.

9. 카카오 빈을 심은 지 약 10~12일이 지나면 〈사진 9〉와 같이 잎이 4개가 된다.

10. 〈사진 10〉은 심은 지 약 1개월 된 모습이다.

11. 〈사진 11〉은 심은 지 약 2개월 된 모습이다.

12. 〈사진 12〉는 심은 지 약 3개월 된 모습이다.

13. 심은 지 약 6개월가량 되었을 때 땅에 옮겨 심는다.

14. 심은 지 3년 뒤부터 수확할 수 있다.

15. 카카오나무는 25년 정도 수확하면 생산성이 떨어지므로 베어내고 다른 나무를 심는다. 심은 지 20년가량 되었을 때 전체적으로 가지치기를 해준다.

16. 〈사진 16〉은 카카오나무 뿌리로, 나무의 넓이만큼 땅 위에서 넓게 퍼지는 것이 특징이다.

17. 카카오나무의 잎은 아래를 향해 자란다.

18. 카카오나무는 가지 끝이 아닌 줄기 중간에서 꽃이 피기 시작하는데, 일 년에 두 번 핀다. 한 나무에는 약 1,000~2,000개의 꽃이 피는데 나무의 연령이나 상태에 따라 꽃을 따주기도 한다.

19. 꽃이 피고 약 45일이 지나면 열매가 맺히기 시작해서 일 년에 두 번 수확한다. 카카오나무 한 그루에서 약

200여 개의 카카오 열매가 열린다.

20. 꽃이 핀 자리에 열매가 맺힌다. 줄기에 바로 열매가 달리는 모습이 재미있다.

21. 건강한 나무는 열매가 거의 크기 때문에 수확할 시기쯤이 되면 열매 옆에 다시 꽃이 피기 시작한다.

22. 잘 자란 카카오 열매다. 같은 나무에서 다른 색깔의 열매가 열리는 것은 다른 종을 접붙이기 한 것이다. 카카오나무는 크게 세 종류로 나뉘지만, 변종이 많아 지금은 약 220여 종에 이른다.

23. 수확 시기가 되면 카카오나무 줄기에 상처를 내지 않고 열매꼭지를 잘라 수확한다. 카카오나무 줄기에 상처를 내면 다음 꽃이 피지 못한다.

24. 카카오 열매 벌레다. 카카오나무는 병충해에 약한 것이 특징이다. 한 지역의 모든 카카오나무가 병충해에 전멸해버리는 상황이 자주 보고된다.

25. 〈사진 25〉와 같이 못이 박힌 나무를 이용하여 수확한 카카오 열매를 모은다.

26. 카카오 열매의 머리 부분을 자르고, 배를 갈라준다.

27. 껍질을 벌려 카카오 빈 부분만 모은다.

28. 카카오 빈을 손으로 잘 문질러 카카오 빈을 잡고 있는 과육 줄기를 제거한다.

29. 수확한 카카오 빈을 마대에 담는다. 마대의 무게는 50킬로그램이다.

30. 마대에 담은 카카오 빈을 공장으로 운반하여 나무로 된 상자에 붓는다. 나무 상자에는 약 250킬로그램의 카카오 빈이 담긴다.

31. 나무 상자에 담긴 카카오 빈.

32. 나무 상자에 담긴 카카오 빈은 마대에 덮인 채 약 5~6일간의 발효과정을 거친다. 종이에는 10월 26일 수확해서 11월 1일까지 발효한다는 내용과 발효 중간에 카카오

빈을 한 번 뒤집어주는 날짜가 10월 29일이라는 내용이 적혀 있다.

33. 나무로 만든 삽을 이용하여 카카오 빈을 뒤집어주는데, 이 속에 손을 넣어보면 엄청 뜨겁다.

34. 플라스틱 바가지를 이용하여 완전히 통을 바꿔 카카오 빈을 뒤집는다.

35. 통 밑으로 흘러나온 카카오 물은 시멘트 바닥도 부식시킬 만큼 강한 산성을 띤다.

36. 위에 구멍 뚫린 덮개를 덮고 카카오 빈을 널어 건조시킨다. 건조 시간은 약 7~9일이고, 온도는 섭씨 65~70도 사이를 유지한다.

37. 건조가 끝나면 옆의 문을 열고 카카오 빈을 마대에 담는다.

여기까지가 카카오 열매를 수확하여 카카오 빈을 로스팅하기 전까지의 작업 공정으로, 이것이 1차 공정에 해당

한다. 이제부터 건조가 끝난 카카오 빈을 공장으로 옮겨 초콜릿이 만들어지는 2차 공정을 다시 거치게 된다. 2차 공정은 1차 공정이 끝난 카카오 빈을 로스팅 등의 공정을 거쳐 카카오 매스나 카카오 버터, 카카오 파우더 등을 만든 다음 이 원료들을 배합하거나 가공하여 우리가 먹는 초콜릿으로 만드는 공정이다.

초콜릿 2차 공정

1. **선별(Selecting)** 선별 작업에 앞서 카카오 빈을 햇빛에 잘 건조하는 작업을 반드시 거쳐야 한다. 건조된 카카오 빈은 세척한 뒤 불순물을 제거하고 좋은 카카오 빈을 따로 나눈다.

2. **로스팅(Roasting)** 로스팅 작업은 카카오 빈에 열을 가하여 볶는 과정이다. 섭씨 130~140도의 고온에서 약 30분간 로스팅하면 카카오 빈에 함유되어 있던 수분과 휘발성분, 타닌 등이 제거되고 카카오 특유의 향과 맛이 깊어지며 색이 살아난다. 이때 카카오 빈의 수분 함유량과 종류에 따라 로스팅 온도와 시간에 약간씩 차이를 둔다. 이 작업을 통해 외피 제거가 수월해진다.

3. **외피 제거(Winnowing)** 로스팅된 카카오 빈의 껍질을 기계로 제거하는 과정이다. 카카오 빈의 껍질을 벗기면 카카오 열매의 과육이자 초콜릿의 주원료인 카카오 니브가 나온다.

4. **알칼리제이션(Alkalization)** '더치'라고도 하는 이 과정은 산을 중화시키는 과정이다. 카카오 니브를 알칼리용액에 적용하여 산의 신맛과 쓴맛을 없애고 색과 향을 증가시킨다. 이 과정을 통해 카카오 니브는 산도 8 정도의 약알칼리성으로 만들어진다.

5. **혼합(Blending)** 한 가지 종류의 카카오 니브만 사용하는 오리진(Origin) 제품을 제외하면, 보통 여러 가지 종

류의 카카오 니브를 다른 성분과 혼합하는 블렌딩 과정을 거친다. 주로 카카오 매스와 카카오 버터, 기타 성분을 혼합하는데, 밀크 초콜릿에는 우유 성분이 추가된다. 회사마다 혼합비율과 종류를 달리하는데, 이 정보는 대외적으로 비밀에 부쳐진다. 혼합비율에 따라 각기 다른 맛을 내기 때문이다. *

6. **마쇄(Milling)** 블렌딩한 카카오 니브를 갈아서 부수는 과정으로 '밀링'이라고도 한다. 약한 압력으로 갈면 카카오 니브 속에 함유된 절반 정도의 카카오 버터가 녹아나오는데, 이것을 받아 굳히면 카카오 버터가 되고, 카카오 매스는 굳은 상태로 남게 된다. 강한 압력으로 마쇄를 해서 카카오 버터와 카카오 매스를 완전히 분리하기도 한다.

카카오 니브에 25톤 이상의 압력을 가하면 안에 있던 카카오 버터의 80퍼센트 정도가 흘러나오는데, 이는 식물성 유지이면서도 특이하게 상온에서 고체의 형상을 띠고, 섭씨 32~34도에서 액화되는 특성이 있다. 바로 이 현상 때문에 입안에서 초콜릿이 녹는 것이다.

7. **정련(Refining)** 롤러를 계속 통과시키면서 불순물을 걸러 없애고 부드러운 입자의 반죽이 형성도록 하는 작업이다. 이 과정을 거치면서 입자가 세밀화되어 부드러운 느낌이 증폭된다.

8. **콘칭(Conching)** 콘칭은 입자를 균일하게 하는 과정이다. 이 과정을 거치면 휘발성 향이 제거되고 맛과 향이 좋아져 초콜릿의 품질이 높아지게 된다. 1879년 스위스의 린트(Lindt)가 개발하여 오늘날에는 최고급 초콜릿이라면 반드시 거쳐야 할 표준 공정이 되었다. 최소 72시간

* 카카오 니브만 혼합한 다음 마쇄 과정을 거쳐 카카오 버터와 카카오 매스로 만들기도 한다.

동안 반죽을 계속 저어주는 이 공정을 통해 수분이 감소하고 향미가 증가하며 입자의 균질화가 이루어진다. 섭씨 50~80도에서 약 48~96시간 동안 반죽의 종류에 따라 온도와 시간을 달리하여 진행한다.

9. **템퍼링(Tempering)** 초콜릿을 만들기 위한 최초의 안정화 작업으로 가열과 냉각을 반복하여 팻블룸 현상을 예방하는 역할을 한다. 이 과정을 통해 초콜릿은 아름다운 표면 광택과 함께, 부러뜨렸을 때 '딱' 하고 경쾌한 소리가 나는 스냅성을 얻게 된다.

10. **몰딩(Molding)** 몰드를 이용해 원하는 모양으로 초콜릿을 만든다. 여러 가지 부재료들을 혼합한 다음 자신의 취향에 맞는 모양의 몰드에 초콜릿을 채운 후 냉각하면 원하는 맛과 모양을 가진 초콜릿으로 완성된다.

이처럼 1차 공정을 통해 수확된 카카오 빈은 2차 공정을 거쳐 우리가 먹는 초콜릿으로 만들어진다.

이때 각 공정마다 만들어지는 제품의 양을 알아보자. 먼저 카카오 빈 1킬로그램을 로스팅한 뒤 껍질을 제거하고 만들어지는 카카오 리퀴드(liquid)의 양은 약 800그램이다. 이렇게 만들어진 800그램의 카카오 리퀴드에 1제곱센티미터당 약 520킬로그램~540킬로그램의 압력을 가하는 마쇄 과정을 거치면 약 250그램의 카카오 버터와 약 300그램의 카카오 케이크가 만들어진다. 이때 만들어지

는 카카오 케이크를 말려 분쇄하면 카카오 파우더가 되는데, 이 카카오 파우더에도 약 10~25퍼센트 정도의 카카오 버터가 남아 있다.

다시 정리하자면, 800그램의 리퀴드에서 카카오 버터 250그램과 카카오 케이크 300그램 정도를 추출하면 약 250그램 정도의 카카오가 리퀴드 상태로 남게 된다. 이렇게 남은 리퀴드에 카카오 버터와 카카오 케이크의 양을 조절하여 다시 배합하면 카카오 함량이 다른 초콜릿이 만들어진다. 카카오 함량이 다른 초콜릿을 만들 때는 카카오

리퀴드에 카카오 케이크 혹은 카카오 버터의 알맞은 양을 계산하여 설탕 등과 함께 배합하면 된다.

카카오 케이크나 카카오 버터도 결국 카카오 리퀴드를 짜서 만드는 것이므로, 800그램의 리퀴드에서 카카오 버터 250그램과 카카오 케이크 300그램을 짜는 것이 아니라 평균적으로 그 정도 양의 제품이 만들어진다는 것이다.

카카오의 꽃, '발효'

일반적으로 커피는 생두를 건조한 후 로스팅 단계로 들어가지만, 초콜릿은 카카오 빈을 건조하기 전에 발효 과정을 거친다. 카카오 빈의 발효 정도에 따라서 초콜릿의 향과 맛이 크게 좌우되므로 발효는 매우 중요한 과정 중의 하나로, 카카오의 꽃이라고도 할 수 있다.

카카오 빈 발효 과정에서는 시멘트 바닥을 녹일 만큼의 강한 산성을 띤 침출수가 발생한다. 이 침출수의 산성이 얼마나 강한지를 입증해주듯 침출수가 머무는 땅은 식물 재배가 불가능할 정도다. 원주민은 침출수에 물을 타서 술로 만들어 먹기도 한다.

발효 과정은 다음과 같다. 먼저 통풍이 잘 되는 커다란 나무 상자를 준비한다. 그 안에 카카오 빈을 약 250킬로그램씩 넣고, 직접 햇빛을 받지 않도록 상자 위를 마대로 덮은 다음 햇빛 아래 둔다. 발효 중간에 한 번씩 카카오 빈을 뒤섞어주면 자연 발효가 되어 하얗던 과육 부분이 갈색으로 변한다.

발효 시간이 짧은 것은 과일 향이 나며, 발효 시간이 긴 것은 시큼한 향이 난다. 발효 기간은 카카오 빈의 종류에 따라 다르지만, 보통 2~7일 정도다. 좋은 카카오 빈일수록 발효기간이 짧은데, 크리올로 종은 2~3일 동안 하기도 하고 때에 따라서는 하루 만에 끝내기도 한다.

이에 반해 포라스테로 종은 5~7일 정도 발효한다. 포라스테로 종은 발효한 지 이틀이 지나면 내부 온도가 섭씨 45~50도 정도까지 올라가게 되고, 산도(pH)는 4.75~5.19 사이가 된다. 연구 결과에 의하면 pH 5.20~pH 5.49일 때 초콜릿 향이 최고라고 한다.

발효를 마친 뒤에는 건조 과정에 들어가는데, 이때 카카오 빈의 수분 함량을 7퍼센트 미만으로 낮춘다. 건조 과정 다음에는 로스팅 과정이 이어진다. 커피는 일반적으로 180도 이상에서 로스팅하지만, 카카오 빈은 커피 빈보다 낮은 섭씨 130~140도 사이에서 약 10~30분가량 로스팅하는 것이 일반적이다. 원주민들은 참기름을 볶을 때처럼 자기들만의 오랜 노하우에 따라 로스팅을 한다.

> **Tip** 병충해를 막는 방법
>
> 1) 카카오 열매에 직접 약을 친다.
> 2) 수확기를 조절한다.
> – 해충이 낳은 알이 벌레가 되어 카카오 열매 안으로 뚫고 들어오기까지 약 2주가 걸리므로, 벌레가 생길 경우 2주 안에 수확해서 카카오 빈을 얻는다.
> 3) 파리끈끈이처럼 해충이 좋아하는 냄새(호르몬)로 유인해서 잡는다.
> 4) 해충이 생기기 전에 미리 카카오 열매를 봉지로 싸준다.
> 5) 해충은 높은 곳으로 향하는 성질이 있기 때문에 해충이 생길 때쯤 카카오나무의 높은 쪽 가지를 쳐준다.

카카오
생산국

그레나다.

1993년 국제카카오연합은 17개의 나라가 고급 카카오를 생산하고 있다고 발표했다. 도미니카(Dominica)와 세인트루시아(St. Lucia), 세인트빈센트(St.Vincent), 그레나딘(grenadines), 그레나다(grenada), 자메이카(Jamaica), 트리니다드토바고(Trinidad and Tobago), 사모아(Samoa) 그리고 수리남(Suriname)에서 약 5퍼센트의 카카오를 생산하는데, 이것이 최고급 카카오로 판정받았다. 또한, 베네수엘라의 생산량 중 약 50퍼센트와 에콰도르 생산량의 약 70퍼센트 그리고 코스타리카와 콜롬비아 생산량의 약 25퍼센트 정도가 고급 카카오로 지정됐다.

카카오 생산국의 분포를 대륙별로 보면, 남아메리카와 캐리비안 지역이 카카오 생산량의 약 80퍼센트, 아시아 지역이 18퍼센트, 아프리카 지역이 약 2퍼센트를 차지한다. 세계 카카오의 약 80퍼센트 이상을 생산하는 아프리카 지역은 생산량의 99퍼센트 이상이 보통 등급의 카카오로 판정을 받았다.

에콰도르는 세계 고급 카카오 시장의 65퍼센트를 차지하고 있으며, 에콰도르의 아리바(Arriba) 생산량은 세계 고급 카카오 공급량의 절반에 달한다. 콜롬비아와 베네수엘라, 인도네시아, 파푸아뉴기니가 고급 카카오 시장의 약 30퍼센트를 차지하며, 나머지 지역이 약 5퍼센트를 생산한다. 콜롬비아는 고급 카카오 시장의 약 5퍼센트를 공급하는데, 트리니타로 종이 주를 이룬다. 베네수엘라에서는 프리미엄 초콜릿의 원료로 많이 사용하는 최고급 크리올로 종을 주로 생산하는데, 1940년 이후 생산량이 급감했다.

카카오 원산지로 추정되는 베네수엘라

베네수엘라는 카카오 원산지로 추정되는 국가다. 최고급 카카오로 꼽히는 크리올로 종의 대부분을 재배 · 공급하는데, 뛰어난 품질을 세계적으로 인정받고 있다. 베네수엘라에서 생산되는 크리올로는 트리니타리오와 더불어 고급 초콜릿의 원료로 쓰인다. 지역 종의 이름은 보통 수출항의 이름을 따거나 지명에서 유래한다. 마라카이보(Maracaibo)와 부에르또(Puerto), 까벨료(Cabello), 카라카스(Caracas), 까루플라노(Caruplano) 등이 유명하며, 특히 쓴맛이 적고 향이 뛰어난 차우아오(Chuao)의 명성은 대단하다.

Raw 초콜릿과
플라스틱 초콜릿

현재 전 세계에서 연간 수백억 달러 어치의 초콜릿 제품이 소비되고 있다. 그러나 실제로는 대부분이 밀크 초콜릿이거나 미국인들이 캔디라고 부르는 '초콜릿 맛의 과자'에 불과하다. 이런 초콜릿 제품들이 진정한 초콜릿이 아니라 단순히 단것을 좋아하는 사람들의 혀를 만족시키는 데 그칠 뿐이라는 사실이 좀 안타깝다.

초콜릿이 아닌 초콜릿 맛의 과자가 붐을 이루는 이유

1920년대까지 세계의 초콜릿 회사 대부분은 저렴한 제품을 생산하기 위해 풍미는 다소 떨어지지만 생명력이 강해서 안정된 수확량을 기대할 수 있는 포라스테로 종의 초콜릿을 생산했다. 기업들의 포라스테로 종 소비가 높아지자 그 추세에 맞춰 세계에서 수확되는 카카오 원두의 90퍼센트 이상이 풍미가 떨어지는 포라스테로 종이 되었다. 이처럼 카카오의 풍미가 떨어지자 이를 대신하기 위해 제조 공정에서 설탕과 바닐라 프레이버를 점점 더 많이 첨가하기 시작했다. 이 때문에 오늘날 우리가 알고 있는 초콜릿의 대부분은 업계의 주류가 된 포라스테로 종에 과다한 향료를 조합해 만든 제품이 되고 만 것이다.

점차 거대해진 초콜릿 업계는 상품 선물 시장에서 거래되는 카카오 원두를 시장 가격의 변동에 대비하여 몇 년 전에 미리 사들이기 시작했다. 따라서 전쟁과 경제파탄, 천재지변 등의 예측 불가한 사태가 일어나도 수요에 대응할 수 있는 시스템이 완비되었고, 이러한 기술의 진보와 시장 변화에 따라 저렴한 가격 및 대량 생산이 가능해졌다.

단편적인 예로서, 1893년에는 약 200그램의 초콜릿이 벨기에인 노동자가 24시간에 걸쳐 일한 임금과 같은 가격이었으나 1913년에는 초콜릿 가격이 대폭 하락해 단 24분 동안 일한 임금과 같은 가격이 되었다.

거대 초콜릿 회사들은 이런 시스템을 기반으로 초콜릿을 대대적으로 홍보하고 대중이 좋아할 만한 제품을 생산하고 있지만, 초콜릿 마니아들의 흥미를 끄는 최상급의 제품은 생산하지 않았다. 대부분의 제품은 초콜릿 맛의 과자이거나 극히 적은 양의 카카오에다 향미 증진제와 설탕, 인공 바닐라를 과도하게 함유한 캔디에 불과하다. 하지만 앞서 언급한 바와 같이 안타깝게도 세계 대부분 사람들이 이 제품의 맛이 초콜릿 본연의 맛인 줄 알고 있다.

실제로 세계에서 가장 잘 팔리는 초콜릿을 보면 거의 대부분이 얇은 초콜릿이거나 코팅된 과자로, 결코 초콜릿이라 부를 수 없는 제품들이다. 다루기 예민하고 값비싼 카카오 버터 대신 고온에도 녹지 않고 값도 싼 팜유를 써서 제조한 초콜릿을 우리는 '플라스틱 초콜릿'이라고 정의한다. 예를 들면 네슬레(Nestle)의 킷캣(Kitkat)이나 마스(Mars)의 누가를 넣은 초콜릿 과자인 마스 바(Mars bar)·스니커즈(Snickers), 캐드버리(Cadbury)의 크런치(Crunchie)·트월(Twirl) 등도 사실은 플라스틱 초콜릿이다.

캐드버리 데일리 밀크(Cadbury Dairy Milk) 역시 카카오 함량은 고작 20퍼센트에 지나지 않아 EU가 규정한 정식 초콜릿에는 해당하지 않는다. 일본의 경우 과거 베스트 셀러였던 메이지(Meiji)의 밀크초콜릿과 모리나가(Morinaga)의 밀크초콜릿 그리고 우리나라 초콜릿의 대명사격인 롯데의 가나초콜릿 등도 마찬가지다.

Tip 아이스크림콘의 아래쪽 초콜릿의 정체는?

아이스크림콘을 먹다 보면 아래쪽에 초콜릿이 들어있는 경우를 자주 볼 수 있다. 그 이유가 뭘까? 단지 아이스크림을 먹은 후 디저트로 초콜릿을 먹으라고 넣어둔 것일까?
아이스크림콘이 발명되고 나서 가장 큰 문제가 된 것은 아이스크림에 의해 콘이 습기를 먹고 눅눅해지는 것이었다. 이를 방지하기 위해 콘 안쪽에 초콜릿을 분사하여 코팅하는 방법을 고안하게 되었다. 그 기술이 도입되면서 입자가 고르지 않은 저급 초콜릿이 수입되었고, 비싼 카카오 버터 대신 팜유나 대두유 등으로 대체한 플라스틱 초콜릿이 아이스크림콘 아래쪽에 들어가게 된 것이다.

Raw 초콜릿(Raw Chocolate)

Raw 초콜릿(Raw Chocolate)이란 카카오 원두를 발효시켜 건조시킨 다음 파쇄와 밀링, 정련 등의 과정을 거쳐 리퀴드 형태로 만들어 굳힌 리얼 초콜릿을 뜻한다. 즉, 카카오 원두를 그대로 갈아서 만든 오리지널 초콜릿인 셈이다. 3,000년 전 멕시코 올멕족이 신들에게 바친 카카오 음료 형태라 해서 원시 초콜릿 또는 내추럴 초콜릿이라 부르기도 한다.

실제로 우리가 접하는 초콜릿은 유럽 등지에서 2차 가공을 한 초콜릿이다. 2차 공정에는 입자를 부드럽게 하는 콘칭 과정과 산성을 알칼리로 바꿔주는 알칼리제이션 과정이 포함되어 있다. 물론 Raw 초콜릿은 중요한 이 두 과정이 생략되어 있어 맛이 투박하고 쓴맛이 강하다. 하지만 이 두 과정을 거치면서 파괴되는 카카오의 좋은 영양 성분을 상대적으로 많이 보존하고 있어 건강에도 무척 이롭다. 다이어트 효과를 비롯한 성인병과 치매 방지, 미용 효과 등 Raw 초콜릿은 그야말로 자연이 선물한 신의 음식이라 해도 과언이 아니다.

*Raw 초콜릿 만드는 방법

3,000년 전 멕시코 올멕족이 만들어 먹던 초콜릿 음료와 가장 흡사한 것이 바로 Raw 초콜릿이다. 따라서 만드는 방법 또한 가장 원시적이며 자연적이다.

1. 발효가 끝나고 건조된 카카오 원두를 준비한다.
2. 로스팅 기계에 건조된 카카오 원두를 넣고, 140도에서 약 25분 정도 볶는다.
3. 로스팅이 알맞게 되면 기계에서 꺼내어 로스팅이 잘 됐는지 향과 풍미를 검사한다.
4. 도구를 이용하여 로스팅한 카카오 원두를 껍질과 알맹이(nips, 닙스)로 분리한다.
5. 닙스를 분쇄기에 넣고 1차, 2차, 3차 분쇄를 한다.
6. 분쇄를 마친 리퀴드 형태의 Raw 초콜릿을 틀에 부어서 굳힌다.
7. 굳어진 Raw 초콜릿을 틀에서 꺼내 예쁘게 포장한다.

파인 초콜릿(Fine Chocolate)

파인 초콜릿(Fine Chocolate)을 한마디로 정리하자면 '고급 수제 초콜릿'이라 할 수 있다. 파인 초콜릿이라 부르기 위해서는 세 가지 기본 사항이 지켜져야 한다. 첫째는 카카오 원두를 포함한 전 재료가 고품질이어야 하며, 세심한 주의를 가지고 다뤄야 한다. 둘째는 카카오 원두의 풍미를 최대한 끌어올리는 방법으로 제조되어야 한다. 마지막으로 카카오의 풍미가 설탕이나 여타 향신료에 압도되지 않을 정도의 적절한 함유율을 가져야 한다.

파인 초콜릿 판매점은 크게 두 가지 타입으로 나뉘는데, 주로 델리 카트슨 백화점 같은 일부 고급 슈퍼마켓이나 직영점에서 파인 초콜릿을 만날 수 있다. 직영점은 자사 공장이나 직영 체인점을 가진 브랜드일 수도 있고, 한 개나 몇 개의 점포를 가지고 있으며, 점포 뒤에 신제품을 개발하는 공방을 가진 작은 브랜드일 수도 있다.

초콜릿이 어디서 판매되고 있느냐는 결코 중요하지 않다. 중요한 것은 쇼콜라티에가 초콜릿을 다룰 때 초콜릿의 품질을 향상시키고자 하는 마음으로 임하느냐 아니냐 하는 것이다. 그런 의미에서 우리는 무엇보다 초콜릿의 품질을 우선시하는 소규모 브랜드에 주목할 필요가 있다.

사실 소규모 브랜드의 초콜릿을 경험한 사람은 별로 없을 것이다. 파인 초콜릿은 최상급 재료를 만들 수 있는 엄선된 카카오 원두 구입에 많은 노력과 큰 비용을 지불한다. 또한, 대량생산용 기계에 의존하는 대기업과 달리 카카오 원두의 풍미를 최대한 끌어내기 위해 제조 공정에 오랜 시간과 수고를 아낌없이 쏟아 붓는다. 이러한 과정을 거쳐 탄생한 파인 초콜릿은, 플라스틱 초콜릿에 길들여진 우리에게 신선한 충격과 감동을 선사한다.

다음에 소개할 파인 초콜릿 브랜드 중에는 구하기 어려운 희소성 높은 초콜릿도 있지만 앞서 설명한 두 가지 타입의 판매점이나 온라인 숍에서 구매할 수 있다.

아마노(Amano)

2007년 두 명의 남성이 창업한 미국 유타 주의 브랜드다. 1997년 이후 카카오 원두가 증가한 미국에서 이들은 전통 방식의 기재와 제조법에 따라 한정된 종류의 싱글 오리진 다크 초콜릿을 일관되게 만들고 있다. 최고의 품질로 성공을 일궈낸 이들과 같은 장인 정신을 가진 쇼콜라티에를 극소생산자라 부른다.

아메디(Amedei)

이탈리아의 피사를 거점으로 하는 브랜드다. 1997년 아메디는 베네수엘라의 카카오농장을 방문한 뒤 브로커를 통하지 않고 직접 농장에서 엄선하여 조달한 카카오 원두만을 재료로 하는 초콜릿을 생산하기로 결정했다. 여러 가지 폭넓은 다크 초콜릿 바와 각종 봉봉 쇼콜라 등을 생산하고 있는 아메디는 프랑스 브랜드 발로나(Valrhona)와 라이벌이라 할 수 있지만, 규모는 그에 비해 훨씬 작다. 아메디의 제품 중 츄아오와 포르테라나, 노베 등은 보석과도 같은 초콜릿이다.

발로나(Valrhona)

1924년 프랑스 론 밸리(Rhone Valley) 출신의 제빵사 M. 귀네(guironnet)에 의해 설립된 브랜드다. 1950년대 초, 자신의 고향인 밸리(Valley)와 론(Rhone)에서 앞 글자를 따와 'Valrhona'라고 이름 지었다. 발로나는 1922년 이후 미세 초콜릿인 커버취 초콜릿을 생산하며, 초콜릿 제조를 위한 고품질 원료의 초콜릿을 공급하는 업체로 널리 알려지기 시작했다. 유럽의 거대 초콜릿 제조업체는 하루에 150톤가량의 초콜릿을 생산하는 데 비해 하루에 약 10통을 생산하는 작은 제조업체다.

1985년 업무용으로 시작한 그랜크류 초콜릿은 1986년부터 일반 소비자용으로 발매되기 시작했다. 발로나는 카리브산 카카오 원두를 사용한 초콜릿 카리이브나 마다가스카르산 카카오 원두를 사용한 만쟈리 등 한정 지역에서 엄선한 원두를 사용하여 성공을 이룬 전통적인 회사다. 발로나의 고급 초콜릿 제품으로는 그랜쿠바와 파르밀라를 권할 만하다.

보나(Bonnat)

1884년 펠렉스 보나가 가문의 이름을 따서 만든 프랑스 브랜드로, 대대손손 이어져 내려와 현재는 스테판 보나가 운영하고 있다. 1902년 보나는 베네수엘라의 코트디부아르라는 특정 지역에서 재배된 카카오 원두만을 사용한 다크 초콜릿 생산을 개시함으로써 세계 최초로 원산지별 카카오 원두로 카카오 함유율 75퍼센트의 초콜릿을 만들어냈다. 이후 원산지별 초콜릿이라는 상품 기획은 수많은 브랜드가 흉내 내고 있다.

Tip 파인 초콜릿에 걸맞은 카카오 빈 생산국

대부분의 카카오 원두 생산국에서는 일반적으로 품질이 낮은 달콤한 초콜릿을 국내용으로 생산하고 있다. 1995년부터 2003년에 걸쳐 엘레이만 비교적 높은 품질의 초콜릿을 해외로 수출하고 있다. 2004년부터 콜롬비아의 산탄렐은 같은 콘셉트로 성공을 거두었다. 양쪽 모두 자국 내 일부 지역에서 생산된 카카오 원두로 몇 종류의 초콜릿 바를 생산한다. 이런 초콜릿의 품질은 파인 초콜릿과 마스마켓 초콜릿이 포함된다고 할 수 있다. 그 외의 카카오 원두 생산국 중 특히 에콰도르가 이런 콘셉트와 품질을 이어가고 있다. 에콰도르의 피갈리는 상당히 높은 수준의 품질을 유지하고 있다.

초코빅(Chocovic)

스페인 바르셀로나에서 창업한 오래된 가게이다. 프로들을 위한 초콜릿이나 연수에 초점을 두고 있으며, 프랑스의 유서 깊은 가게 발로나를 모델로 그 활약상을 부활시켰다. 또한, 초코빅의 초콜릿 스쿨은 국제적으로 높은 평가를 얻고 있다. 권하고 싶은 것은 일반인을 위해 판매되고 있는 오리헨우니코 시리즈다.

미셸클뤼젤(Michel Cluizel)

1948년 프랑스 담빌 마을에서 시작한 브랜드다. 세계 곳곳에서 엄선된 특정 7개 농장과의 독점 계약을 통해 고급 카카오 원두를 안정되게 공급받아 각 원산지와 카카오 함유율에 따른 맛의 차이를 비교할 수 있는 장점이 있다. 현재 노르망디에 자리한 초콜릿 공장에서 200여 명의 직원이 카카오 원두 선정부터 초콜릿 제조 공정까지 정성을 다해 만들고 있으며, 미셸클뤼젤 상품은 전 세계 약 6,000여 곳의 파티셰와 제과점 등에서 판매되고 있다. 추천 상품으로는 망갈로와 로스안코네스 초콜릿 바가 있다. 미셸클뤼젤은 1997년부터 카카오 산지의 경작자와 직접 교류를 통해 공정 무역을 시행하고 있다.

도모리(Domori)

항상 새로운 카카오 아로마를 열정적으로 찾아다니는 쟝루카 프랜조니 씨가 1996년에 창업한 이탈리아 브랜드다. 1993년 이후 베네수엘라에서 두 번째로 큰 공장인 하시엔더 산호세에서 카카오 시장의 1퍼센트를 차지하는 희소성 있는 고품질의 크리올로 종 카카오 원두를 부활시키기 위해 노력했다. 수년간의 시행착오와 연구 끝에 다양한 크리올로 종을 여러 나무에 접목하여 생산을 증가시키는 데 성공했다. 현재 도모리의 펠트마레와 펠트피노, 카노바오, 츄아오 등의 초콜릿 바로 희소가치가 높은 크리올로 종의 카카오 원두 맛을 즐길 수 있게 되었다. 2007년 도모리 주식의 상당량인 90퍼센트를 이탈리아 대형 커피숍인 일리(illy)가 구입하여 소유하고 있다.

엘 세이보(El Ceibo)

1977년 볼리비아 열대지역인 알토베리(Alto Beri)에서 다섯 개 마을의 협동조합으로 시작한 브랜드다. 1960년대에 시행된 재정착사업의 일환으로 산악지대에서 이주해 온 토착 소농들이 중심이 되어 코코아 재배를 시작했다. 다섯 개의 협동조합은 단시간에 서른 개 이상이 되었으며, 중간 상인의 수송과 가격 독점을 깨트리는 구실을 하게 되었다. 소농들에 의한 세계 최초의 코코아 회사로 성장한 엘 세이보는 1,200명의 조합원으로 성립된 마흔여섯 개의 소규모 조합으로 구성되어 1995년부터 볼리비아 국내 시장에서 초콜릿을 생산 판매했다. 1997년부터는 주로 오가닉이나 공정무역으로 카카오 원두를 수출하고 있다.

이처럼 카카오 원두 생산에서부터 최종 상품의 가공 수출까지 전 과정이 농업협동조합에 의해 운영되는 것은 현재 전 세계에서 엘 세이보가 유일하다. 타블렛 볼리비아

71퍼센트와 드리킹 초콜릿 볼리비아 85퍼센트가 대표적이다.

펠클린(Felchlin)

1908년에 만들어진 스위스 브랜드로 '스위스의 발로나'로 평가받기도 한다. 프로페셔널을 위한 '완성 전'의 상품군인 커버춰(couverture) 초콜릿을 보유하고 있다. 커버춰 초콜릿은 초콜릿을 만드는 기본재료로, 카카오 매스와 카카오 버터의 함량이 높은 것이 특징이다. 일반인을 위한 상품을 판매하지는 않지만, 많은 브랜드가 펠클린의 제과용 초콜릿을 사용하고 있다. 베네수엘라 카카오 원두를 사용한 마라카이보 65퍼센트 다크 초콜릿과 38퍼센트 밀크초콜릿을 권할 만하다. 베슐레와 슈프링그리, 파마코 등의 판매회사를 통해 구입할 수 있다.

기타드(guittard)

1800년대 중반 골드러시에 편승한 티엔 기타드는 '금'을 발견하겠다는 희망을 품고 바바리 코스트 여행길에 올랐다. 그런데 당시 여행길에 가져갔던 삼촌의 프랑스 공장에서 생산된 초콜릿이 샌프란시스코에서 사랑을 받자 초콜릿 제조에 숙련된 티엔은 1868년에 초콜릿 제조 공장을 설립했다. 그 이후 기타드는 미국에서 가장 오랫동안 가족경영이 이어져 오는 회사로 성장하였으며 다양한 초콜릿 제품을 생산하고 있다.

기타드는 코코아 버터로 만든 부드러운 슈퍼크림과 화이트 커버춰 코팅부터 다크와 밀크 초콜릿의 프리미엄 초콜릿 코팅까지 다양한 업무용 초콜릿을 생산하고 있다. 2000년쯤부터는 전 세계 소규모 농장의 엄선된 최상급 재료로 최고급 초콜릿을 만들어 미국 내외의 전문점에서 판매하고 있다.

프랄류(Pralus)

1948년 프랑스 로안느에서 만들어진 브랜드다. 엄선된 카카오 원두를 사용하여 최고급 초콜릿을 하나하나 정성스럽게 만들고 있다. 최고급 초콜릿을 만들기까지의 수고스러운 복잡함이 흡사 와인과 같을 정도의 품질을 자랑한다. 프랄류의 제품은 대부분 같은 레시피로 만들어지고 있지만 세계 각지에서 들여오는 각기 다른 원두가 맛의 차이를 좌우한다. 따라서 산지별 카카오의 특징을 파악할 때도 프랄류의 초콜릿 제품군 비교가 유용하다.

샤펜버거(Scharffenberger)

1996년 전통 제조법과 천연 재료의 맛을 최대한 살리는 것을 목표로 설립된 미국의 프리미엄 초콜릿 업체다. 와인 생산자였던 존 샤펜버거와 의사인 로버트 스타인버그는 유럽의 프리미엄 초콜릿과 같은 품질의 초콜릿을 만들기 위해 원가 상승 부담을 감내하고 가내수공업 방식

을 선택했다.

카카오 원두 선별에서부터 로스팅과 블렌딩 등 초콜릿의 전 생산과정을 직접 담당하며 전통적인 소규모 생산방식을 고수했고, 원두 종류마다 로스팅 과정을 달리하는 등 엄격한 품질 관리에 총력을 기울여 소비자에게 진정성과 신뢰감을 심어주었다.

카카오 원두가 믹스된 크런치 형태의 니블리 바(nibbly bar)와 아몬드가 믹스된 바를 제외하고는 카카오 함유와 사이즈를 달리한 다크 초콜릿이 주를 이룬다. 와인을 만들던 기술 덕분인지 바닐라 원두를 더하여 향이 강한 게 특징이며, 바닐라 이외에도 다채로운 향의 제품들이 흡사 고품질 와인을 마시는 것과 같은 기쁨을 선사한다. 50여 년 만에 미국에 등장한 새 초콜릿 업체로, 매우 빠르게 성장하여 설립 10년 만에 북미에서 가장 큰 과자 대기업인 허쉬에서 샤펜버거 매출의 5배를 주고 경영권을 사들였다. 허쉬에 매입되면서 품질에 영향을 받았을 가능성이 높긴 하지만 오늘날까지 그 명성을 유지하며 초콜릿 마니아들에게 사랑받고 있다.

생소한 브랜드여서 혹은 너무 고가여서 새로운 초콜릿을 맛보기가 두렵다 하더라도 망설이지 말고 호기심을 갖고 발품을 팔아보자. 혹시 이름을 알지 못해 지나칠 수도 있는 바로 그 작은 브랜드가 장인의 숨결이 깃든 초콜릿일지도 모른다. 물론 이런 브랜드의 초콜릿을 맛보고자 하는 의지가 충분해도 손에 넣는 과정은 쉽지 않을 수 있다. 몇 안 되는 판매처를 찾아 직접 발로 뛰어야 하거나 국내에 입점이 되어 있지 않아서 운송비를 평소보다 더 많이 지불하지 않고는 맛볼 수 없는 제품도 더러 있기 때문이다.

하지만 숨은 보석을 찾아 입안에 넣었을 때의 기쁨은, 그 어느 것과도 비교가 안 될 만큼 황홀하지 않을까? 진짜 초콜릿의 풍미에 빠진다면, 왜 초콜릿이 신의 음식이라 불리는지 이해하게 될 것이다.

작은 것이 아름답다

초콜릿을 사랑하는 달콤한 이들이라면, 이 말을 꼭 기억해두자.

'작은 것이 아름답다.'

초콜릿과
초콜렛의
차이

'Chocolate'의 올바른 한글 표기는 초콜릿이지만, '초 콜릿'이 아닌 '초콜렛'이나 '초콜레트' 혹은 '쵸콜릿' 등 이 상하게 표기된 제품을 종종 볼 수 있다. 이러한 제품들은 'Chocolate'의 올바른 표기법을 몰라서 그런 것일까? 절대 그렇지 않다. 초콜릿이라는 이름을 붙일 수 없어서 초콜렛 이 될 수밖에 없었던 제품들의 속사정이 있다.

초콜릿이라 부를 수 없는 유사품들

45퍼센트와 55퍼센트, 72퍼센트, 88퍼센트 등 다크 초 콜릿은 흔히 카카오 함량으로 구분하곤 한다. 예를 들어 55퍼센트 다크 초콜릿이라 하면 55퍼센트의 카카오 함량 을 가진 초콜릿을 뜻한다. 그런데, 여기에는 우리가 모르 고 넘어갈 수 있는 진실이 하나 숨어 있다.

초콜릿은 카카오 매스와 카카오 버터 등을 섞어서 만드 는데, 일반적으로 '카카오 함량'이란 카카오 매스와 카카 오 버터를 합한 양을 말한다. 가령 30퍼센트의 카카오 매 스와 10퍼센트의 카카오 버터를 섞어서 만든 초콜릿은 카 카오 함량 40퍼센트의 초콜릿이 된다. 반대로 카카오 매 스 10퍼센트와 카카오 버터 30퍼센트를 섞어서 만든 초콜 릿도 40퍼센트 카카오 함량의 초콜릿이 된다.

따라서 카카오 함량이 높다고 해서 무조건 좋은 초콜릿 이 아니라는 결론이 도출된다. 우리 몸에 좋은 카카오 성 분의 대부분이 카카오 매스에 포함되어 있기 때문이다. 같 은 양의 카카오 성분이 들어 있는 초콜릿이라면, 당연히 카카오 매스의 양이 많은 초콜릿이 더 좋은 초콜릿이다. 시중에 유통되고 있는 72퍼센트 혹은 그 이상의 카카오 함 량 표기를 살펴보면 쉽게 이해할 수 있다. 실제로 72퍼센 트 다크 초콜릿은 카카오 버터 함량이 68퍼센트를 차지한 다. 다시 말해 카카오 매스의 함량은 고작 4퍼센트 정도밖 에 안 된다는 것이다.

2011년 1월 26일에 방영된 MBC 〈불만제로〉에서는 이 러한 초콜릿의 비밀을 다뤘다. 초콜릿 제조업체의 비위생 적인 원재료 관리 실태를 낱낱이 파헤쳤을 뿐만 아니라 앞 서 지적한 바와 같이 카카오 매스 함량이 4퍼센트도 채 안 되는 초콜릿 제품을 유통하고 있는 현실을 함께 밝혔다. 일반 소비자들이 '초콜릿'이라 생각하고 있는 제품은 카카 오 함량은 낮은 대신 설탕 등의 당 함량이 높은 준초콜릿 이나 코코아 가공품이었던 것이다.

정확히 알아두어야 할 것은, 카카오 매스 20퍼센트 이 상이 되어야 비로소 초콜릿이라는 이름을 붙일 수 있으며,

카카오 매스 함량이 40퍼센트 이상일 때 비로소 프리미엄 초콜릿이라 부를 수 있다는 사실이다. 지금 당장 슈퍼마켓으로 달려가 시판되고 있는 초콜릿의 카카오 함량을 살펴보자. 대부분 준초콜릿 혹은 초콜릿 타입이라고 적혀 있거나 앞·뒷말은 아주 작은 글씨로 씌어 있는 대신 중간의 '초콜릿'이라는 글씨만 크게 강조한 제품이 대부분이란 사실에 소스라치게 놀랄지도 모른다. 초콜렛, 초콜레트, 쵸콜렛 등의 이상한 표기법을 쓰는 이유가 바로 이것이었던 것이다.

이제 카카오 함량 표기법을 안 이상 초콜릿을 사기 전에 레이블을 한 번쯤 읽어보는 센스를 발휘해보자.

(출처 : 식약청 식품공전)

우리나라 초콜릿 규격

〈1-4 초콜릿류〉

1) 정의
초콜릿류라 함은 테오브로마 카카오(Theobroma cacao) 나무의 종실에서 얻은 코코아 원료(코코아 버터, 코코아 매스, 코코아 분말 등)에 다른 식품 또는 식품첨가물 등을 가하여 가공한 것을 말한다.

2) 식품유형
(1) 초콜릿
① 초콜릿
코코아 원료에 당류, 유지, 유가공품, 식품 또는 식품첨가물 등을 가하여 가공한 것으로서 코코아 원료 함량 20퍼센트 이상(코코아 버터 10퍼센트 이상)인 것을 말한다.
② 밀크초콜릿
코코아 원료에 당류, 유지, 유가공품, 식품 또는 식품첨가물 등을 가하여 가공한 것으로서 코코아 원료 함량 12퍼센트 이상, 유고형분 8퍼센트 이상인 것을 말한다.
(2) 준초콜릿
코코아 원료에 당류, 유지, 유가공품, 식품 또는 식품첨가물 등을 가하여 가공한 것으로서 코코아 원료 함량 7퍼센트 이상인 것 또는 코코아 버터를 2퍼센트 이상 함유하고 유고형분 함량 10퍼센트 이상인 것을 말한다.

(3) 초콜릿 가공품
넛츠(Nuts)류, 캔디(Candy)류, 비스킷류 등 식용 가능한 식품에 초콜릿, 밀크초콜릿이나 준초콜릿을 혼합, 피복, 충전, 접합 등의 방법으로 가공한 것을 말한다.

3) 규격
(1) 성상 : 고유한 향미를 가지고 이미, 이취가 없어야 한다.
(2) 허용의 타르색소 : 검출되어서는 안 된다.
4) 시험방법
(1) 허용의 타르색소
제7. 일반시험법 5. 착색료시험법에 따라 시험한다.

〈20-16 코코아 가공품류〉

1) 정의
코코아 가공품류라 함은 테오브로마 카카오(Theobromacacao)나무의 종실에서 얻은 원료 또는 이 원료에 식품이나 식품첨가물 등을 가하여 가공한 것으로서 초콜릿에 해당되지 않는 제품을 말한다. 다만, 다른 식품유형이 정하여진 것은 제외한다.

2) 식품유형
(1) 코코아 버터
코코아 버터라 함은 카카오 열매의 껍질을 벗긴 후 압착 또는 용매 추출하여 얻은 지방을 말한다.
(2) 코코아 매스
카카오 열매를 볶은 후 껍질을 벗겨서 분쇄시킨 것을 말한다.
(3) 코코아 분말
코코아 분말이라 함은 카카오 열매를 볶은 후 껍질을 벗겨서 압착하여 지방을 제거한 덩어리를 분말화한 것을 말한다.
(4) 기타 코코아 가공품류
카카오 열매에서 얻은 원료를 식품 또는 식품첨가물 등의 혼합 및 기타 방법으로 가공한 것으로서 코코아 버터, 코코아 매스, 코코아 분말 외의 것을 말한다.

3) 규격
(1) 성상 : 고유의 색택과 향미를 가지고 이미, 이취가 없어야 한다.
(2) 수분(퍼센트) : 7.0 이하 (코코아 분말에 한함)
(3) 납(밀리그램/킬로그램) : 2.0 이하 (코코아 분말에 한함)
(4) 굴절률(40°) : 1.456~1.459 (코코아 버터에 한함)
(5) 산가 : 3.5 이하 (코코아 버터에 한함)
(6) 요오드가 : 33~42 (코코아 버터에 한함)
(7) 비비누화물(퍼센트) : 0.5 이하 (코코아 버터에 한함. 단, 압착 코코아 버터는 0.35이하)
(8) 허용의 타르색소 : 검출되어서는 아니 된다. (기타 코코아 가공품류에 한함)

초콜릿에 관한 진실
혹은 거짓
(True or False)

초콜릿이 약의 기능을 했던 때의 기원은 고대 마야 문명과 아스텍 문명 시대로 거슬러 올라간다. 당시 마법의 힘을 지닌 신의 음식으로 여겨졌던 카카오는 건강 증진과 강장 효과를 불러오는 영양식 또는 강장제로 받아들여졌다.

약과도 같았던 초콜릿이 스페인에 전파되었을 때, 스페인 국왕 훼리페 2세의 주치의였던 프란시스코 페르난데스는 무더위에 몸을 식히기 위해 혹은 복통 치료제나 해열제로 왕에게 초콜릿을 처방했다고 한다. 또한, 1650년경 영국으로 전해졌을 때도 초콜릿은 치료 후 회복이나 체력 유지에 효과가 있는 것으로 알려지면서 약으로서의 기능이 부각되었다.

19세기에는 프랑스의 제약업계에 초콜릿이 전달돼 쇼콜라티에이자 약제사였던 드보브 에 갈레가 약효가 뛰어난 초콜릿 제조로 이름을 날렸다. 총 모양으로 판매되었던 드보브에 갈레의 초콜릿은 의사에게도 큰 지지를 받아 신경성 위염이나 식사요법, 진성콜레라 예방과 회복기 환자를 위해 처방

되었다.

현대에 이르러서도 초콜릿의 건강 기능에 대한 말, 말, 말들은 넘쳐난다. 과연 어떤 말들이 맞고, 어떤 말들이 틀리는 걸까?

초콜릿은 중독된다?! 'False'

16~18세기 유럽에서 폭발적인 인기를 누리며 널리 퍼지기 시작한 초콜릿은 오늘날 다양한 형태로 손쉽게 만날 수 있는 기호식품이 되었다. 그러나 담배와 술처럼 초콜릿 또한 중독성 있는 기호식품이 아니냐는 의혹이 제기되면서 초콜릿의 중독에 관한 논란과 의심이 끊임없이 이어지고 있다. 심지어 초콜릿 중독자를 치료하기 위해 초콜릿 성분을 농축한 파스까지 등장하였다고 하니 초콜릿의 어떤 성분이 중독을 불러일으키는지, 또한 정말 그 성분이 심각한 중독을 불러일으키는지 궁금해진다.

초콜릿의 중독과 관련이 깊은 성분은 향정신성 성분인 아

나다마이드(anandamide) 성분이다. 마약의 일종인 대마초의 주성분은 테트라하이드로칸나비놀(THC, Tetra Hydro Cannabino)인데, 우리의 뇌 속에 있는 THC 반응 수용체 때문에 대마초를 흡입했을 때 행복감을 느끼게 된다.

미국의 다니엘 피오멜리 박사는 초콜릿 속의 아나다마이드 성분이 THC 수용체를 활성화한다는 사실을 밝혀냈다. 그러나 초콜릿 속의 아나다마이드는 극미량(초콜릿 1그램에 수 마이크로그램)에 불과하여 대마초 한 대를 흡입했을 때와 동일한 효과를 내기 위해서는 한꺼번에 7킬로그램 이상의 초콜릿을 먹어야 한다. 하루에 50잔의 핫초코를 마셨다던 아스텍 왕국의 몬테수마 황제라면 초콜릿 중독을 의심해볼 만하지만, 일반적으로는 쉽사리 중독되기 힘든 양이라 할 수 있다.

한편에서는 코코아와 초콜릿에 함유되어 있는 알칼로이드(tetrahydro-beta-carbolines)라는 신경활성물질이 초콜릿 중독을 일으키는 원인으로 꼽히기도 한다. 카페인과 비슷한 흥분을 일으키는 이 물질은 와인과 맥주 기타 알코올 음료 등에서 발견되는데, 스페인 과학연구위원회에서 알코올 중독과 관련이 있음을 연구한 바 있다.

그러나 토머스 헤라이츠 연구원은 초콜릿에 함유된 알칼로이드의 양이 아주 미량이며, 초콜릿 이외의 중독성이 없는 식품에서도 이 화합물이 발견된다고 밝혔다. 이에 덧붙여 알칼로이드 화합물 하나가 초콜릿 중독을 일으킨다고 보기는 어려우며, 마그네슘과 카페인 등 초콜릿에 포함된 다른 활성 물질들과 결합해 중독을 불러일으킬 수 있다고 설명했다. 따라서 엄밀히 말하자면 초콜릿 중독을 일으키는 것은 코코아 초콜릿 속의 아나마이드 성분이나 알칼로이드 화합물이 아니라 초콜릿에 가미된 우유나 설탕 혹은 견과류의 단 성분인 셈이다.

또한, 미국 쉬펜스버그대 데브라 젤너 교수팀의 조사 결과에 의하면 초콜릿 중독은 생리적 반응이 아니라 문화적 차이에서 비롯되었음을 알 수 있다. 미국 대학생과 스페인 대학생을 대상으로 매일 초콜릿을 먹인 다음 탐닉 정도를 조사한 결과, 미국 남학생의 20퍼센트와 여학생의 50퍼센트가 초콜릿에 중독되었다고 답변한 반면, 스페인 학생은 전체의 25퍼센트만이 그렇다고 대답했기 때문이다. 세계 시장에서 카카오 소비량과 초콜릿 생산량 1위를 달리는 미국에서 초콜릿을 더 자주 접할 수 있는 환경이 자연스럽게 조성되었을 가능성이 농후하다. 따라서 상대적으로 초콜릿 시장이 크게 발달하지 않은 스페인 학생과 초콜릿에 대한 기호 편차가 커졌음을 유추할 수 있다.

카카오 껍질에 충치 예방 효과가 있다?! 'True'

달콤한 초콜릿의 반전이다. 흔히 초콜릿이 충치의 원인이 된다고 생각하는데, 오히려 충치를 예방하는 효과가 있다는 연구 결과가 나왔기 때문이다.

일본 오사카대 오오시마 타카시 박사는 실험용 쥐를 대상으로 당 성분이 높은 식단을 동일하게 제공하면서 한쪽 그룹에는 카카오 콩의 껍질 성분이 든 물을 주고, 다른 그룹에는 보통의 물을 주었다. 그리고 3개월 뒤 양쪽 그룹을 관찰한 결과 전자에게서는 6개, 후자에게서는 14개의 충치가 발견되었다.

충치는 입속의 스트렙토코코스 등의 박테리아가 당 성분을 산으로 바꾸어 치아의 표면을 녹이고 구멍을 만드는 병이다. 그런데 카카오 콩 껍질에는 바로 이 구강 내 박테리아의 성장을 방해하는 성분이 있기 때문에 충치 예방 효과가 나타난 것이다. 그러나 오오시마 박사의 연구는 초콜릿 그 자체가 아니라 카카오 콩의 껍질 성분이 대상이었음을 간과해서는 안 된다. 또한, 충치 예방 효능이 밝혀진 카카오 콩의 껍질 성분 대부분은 초콜릿 제조 과정에서 파기되고, 그 공간에 당분이 자리를 하게 되므로 초콜릿을 먹고 양치를 하지 않으면 충치가 득실득실하게 될 것이다. 하지만 당 성분을 낮추고 카카오 콩 껍질을 활용한 초콜릿이 생산된다면 충치 예방 차원의 초콜릿 섭취가 가능해질 수도 있을 것이다.

초콜릿을 먹으면 수학 문제를 잘 푼다?! 'True'

영국 노섬브리아(Northumbria) 대학 연구팀이 초콜릿에 함유된 플라보놀(Plavonols, 비타민P) 물질이 뇌의 혈관을 확장시켜 혈액의 흐름이 빠르게 되므로 수학문제를 푸는 데 도움을 준다는 연구 결과를 발표했다. 30명을 대상으로 플라보놀이 함유된 코코아를 마신 전후에 암산 능력을 측정한 결과 실력이 향상되었음을 알 수 있었다. 따라서 이 연구를 통해 초콜릿이 피로감을 없애주고 뇌의 활동을 활발하게 함으로써 수학적 능력을 향상시키는 효과를 갖고 있음이 입증되었다.

위 연구팀의 크리스틸 해스켈(Crystal Haskell) 박사는 하루에 500밀리그램의 플라보놀을 복용하는 것이 가장 효과적이며, 그 양은 초콜릿 바 5개에 준한다고 덧붙여 설명했다. 플라보놀은 초콜릿 이외에도 적포도주와 올리브유, 사과, 딸기, 양파, 케일 그리고 브로콜리 등에도 다량 함유되어 있다.

초콜릿은 개와 고양이에게 좋은 간식이다?! 'False'

초콜릿은 개와 고양이에게 좋은 간식이 아니라 정반대로 치명적인 독과 같다는 게 결론이다. 초콜릿에는 앞

서 언급한 알칼로이드 화합물의 일종으로 중추신경계를 자극하는 카페인과 테오브로민(theobromine)이 함유되어 있다. 테오브로민은 이뇨 근육을 이완해주고 심장박동을 촉진시킬 뿐만 아니라 혈관을 확장시키고 대뇌 피질을 부드럽게 만들어 기분이 좋아지게 만드는 긍정적인 작용을 하므로 사랑을 고백하거나 중요한 협상을 진행할 때 도움이 된다. 또한, 사고력을 올려주는 기능도 있다.

하지만 개와 고양이 같은 반려동물은 이 화학물질을 분해하는 능력이 사람에 비해 현격히 떨어지므로 다량의 테오브로민을 섭취할 경우 구토와 설사를 동반한 위궤양을 일으킬 가능성이 있다. 나아가 혈액에 침투한 테오브로민은 심장과 중추신경을 자극하여 심장마비나 호흡곤란으로 인한 사망까지 일으킬 수 있는 매우 위험한 간식이다. 사람의 경우 테오브로민의 반감기는 6~8시간이지만, 개와 고양이의 반감기는 18시간이므로 설령 적은 양이라 할지라도 체내에 미치는 독성이 상대적으로 강한 점을 간과해서는 안 된다.

초콜릿은 스트레스 해소에 도움이 된다?! 'True'

커피와 초콜릿은 돈 많은 사람들의 전유물처럼 되면서 이를 대용할 식품을 찾기 시작했는데, 서양에서는 알로에, 동양에서는 차, 그리고 한국에서는 쑥이 그 자리를 대신했다. 커피와 초콜릿, 차에는 공통적으로 카페인과 테오브로민, 타닌 그리고 폴리페놀이 함유되어 있다. 타닌은 차에, 간 기능을 활성화하는 카페인은 커피에, 그리

고 테오브로민과 폴리페놀은 카카오에 가장 많이 포함되어 있다.

타닌은 치아를 변색시키는 원인이 되는 불소와 함께한다. 따라서 치아 변색을 막기 위해 녹차를 마신 후에는 맹물을 많이 섭취해야 한다. 녹차뿐만 아니라 커피도 마찬가지. 카페인을 해독할 때 수분이 필요하기 때문이다.

간은 본래 밤에 잠을 자야 하는데 카페인이 체내에 흡수되면 간 기능이 활성화되어 밤새 깨어 있게 된다. 카페인은 수용성과 지용성 두 가지로 나뉘는데 수용성은 체내에 흡수되는 데 6분, 배출되는 데 20분이 걸리며, 지용성은 흡수되는 데 2시간, 배출되는 데 15분이 소요된다. 따라서 수용성 카페인은 잠과 무관하다고 볼 수 있다. 하지만 커피의 카페인은 에센스가 추가되면서 수용성이 지용성으로 변해 물에 잘 녹지 않는다. 다시 말해 리얼 커피, 리얼 초콜릿은 불면증과는 무관한 셈이다.

초콜릿에 함유된 카페인은 커피나 차 속에 포함된 카페인보다 부드러운 성질을 갖고 있어 중추신경 자극 효과가 비슷하거나 약하다. 또한 커피의 2~5퍼센트 정도 포함된 초콜릿의 카페인은 수용성이라 금방 흡수되고 배출되어 이뇨효과와 해독작용을 도와줄 뿐만 아니라 말초혈관을 확장해 온몸의 혈액순환을 촉진시켜주므로 육체적 피로와 스트레스 해소에 효과가 있다.

초콜릿은 암을 예방하고 노화를 방지한다?! 'True'

초콜릿의 주성분인 카카오에는 항산화 물질인 폴리페놀이 풍부하다. 카카오 폴리페놀은 동맥경화와 당뇨, 암, 노화 등의 원인이 되는 활성산소를 억제할 뿐만 아니라 피를 맑게 하고 혈압을 낮춰줌으로써 심장질환이나 심근경색 등을 예방하며, 뇌의 주요 부위 혈류의 흐름을 원활하게 만들어 뇌졸중이나 노인성 치매 예방에도 효과가 있다.

여기서 끝이 아니다. 카카오 폴리페놀은 세포의 DNA 또는 염색체에서 일어나는 돌연변이를 막는 기능과 노화 세포와 불건강 세포의 자연사를 촉진하는 기능도 갖고 있다.

또한 일본의 야마기시 씨와 연구팀의 실험을 통해 카카오 폴리페놀이 유방암 발생률을 낮춘다는 사실이 밝혀졌고, 스페인의 마리아 앙헬레스 박사 팀은 카카오가 결장암을 비롯한 장 질환을 막는 데 효능이 있다는 사실을 알아냈다.

이와 같이 만병통치약이나 다름없는 폴리페놀이 초콜릿에는 같은 양의 적포도주보다 2배, 녹차보다 3배, 홍차보다 5배 이상 함유되어 있어 다른 음식군에 비해 압도적인 함유량이라 할 수 있다.

그러나 한 가지 중요한 점을 기억해야 한다. 카카오 함량이 낮은 밀크초콜릿은 위와 같은 효과를 기대하기 어렵다는 점이다. 녹차나 와인, 감과 같은 떫고 씁쓰름한 맛을 내는 폴리페놀의 성분이 살아있는 리얼 초콜릿 혹은 다크초콜릿, 즉 카카오가 70퍼센트 이상 함유된 초콜릿에 한하여 위의 명제가 진실이라는 결론을 지을 수 있다.

초콜릿은 다이어트와 상극이다?! 'False'

초콜릿은 1그램당 약 5~6킬로칼로리의 열량을 내므로 초콜릿 50그램은 300킬로칼로리로 밥 한 공기에 해당하는 고열량 식품이다. 그런데, 초콜릿의 칼로리가 높은 이유는 초콜릿의 주원료인 카카오 때문이 아니라 초콜릿을 만들 때 첨가하는 설탕과 코코아 버터 등 첨가물 때문이라는 점을 알 필요가 있다.

상대적으로 첨가물 함량이 낮고 카카오 함량이 높은 다크 초콜릿이 밀크 초콜릿에 비해 당분 함유량이 낮다. 하지만 카카오 그 자체의 지방 함유량이 많기 때문에 결과적으로 밀크 초콜릿과 비슷한 열량을 내는 건 사실이다. 그 이유는 바로 카카오 버터 때문. 그러므로 초콜릿을 과도하게 섭취할 경우 초콜릿과 다이어트는 상극이라는 명제가 성립할 수 있다.

하지만 초콜릿을 이용한 다이어트 방법이 등장하고, 심지어 초콜릿 섭취가 운동을 한 것과 같은 효과가 있다는 연구 결과가 발표되면서 '초콜릿은 다이어트와 상극'이라는 명제는 거짓이 되었다.

미국 플로리다에 사는 피터 아젤로라는 남성은 200킬로그램에 달하던 몸무게를 95킬로그램 감량하였는데, 그 비결로 다크 초콜릿의 꾸준한 섭취를 내세웠다. 바나나와 사과, 아보카도, 닭가슴살 등을 중심으로 한 건강식과 다크 초콜릿 6조각 및 하루 4리터의 물로 어마어마한 체중을 덜어낸 것.

실제로 미국 웨인주립대학교 모 말렉 박사는 다크초콜릿 50그램이 유산소 운동을 30분 한 것과 비슷한 효과를 볼 수 있다는 연구 결과를 발표해서 피터의 초콜릿 다이어트법이 터무니없는 방법이 아님이 밝혀졌다.

말렉 박사는 초콜릿에서 추출한 에피카테킨 (epicatechin)을 하루에 두 번씩 투여하는 그룹과 하루에 30분씩 러닝머신을 달리는 그룹으로 나누어 실험용 쥐를 관찰하였다. 에피카테킨은 위액 분비를 억제하는 효과가 있는 물질로, 이 실험을 통해 초콜릿 성분과 신체 내에서 에너지를 생산하는 기관인 미토콘드리아(mitochondria)와의 상관관계를 집중적으로 관찰한 것이다.

운동능력을 향상하기 위해서는 달리기와 자전거타기 혹은 에어로빅 같은 유산소운동을 꾸준히 해서 미토콘드리아를 증진시켜야 한다. 그런데 생쥐 실험 결과 두 그룹의 생쥐가 생산한 미토콘드리아의 양이 거의 비슷하게 나왔다. 또한, 카카오 추출물의 섭취와 운동을 병행한 경우에는 더욱 효과적이었다.

초콜릿은 운동을 할 때도 요긴하게 사용된다. 우리 몸은 크게 단백질과 지방으로 나뉘는데, 운동에 필요한 에너지원으로 단백질을 빼서 쓰다가 단백질이 다 없어지면 그제야 지방을 에너지원으로 사용하기 시작한다. 그런데, 초콜릿은 에너지원으로 지방을 사용하므로 운동 15분 전 초콜릿을 먹으면 운동 중 에너지 공급을 보장해줄 뿐만 아니라 운동 후 체력 회복에도 도움을 준다. 운동 전 초콜릿 섭취는 근육의 당분 저장량을 증가시켜 운동능력을 향상시켜주고, 짧은 시간에 신체의 에너지를 보충해줌으로써 운동 효과를 더욱 높여준다.

물론 초콜릿뿐만 아니라 어떤 식품이든 아무리 몸에 좋은 음식이라도 과하면 부족한 것만 못하다. 적정량의 다크 초콜릿 섭취는 분명 다이어트에 도움을 주지만, 과도한 섭취는 비만으로 가는 첩경이 될 수 있으니, 뭐든 적당한 게 좋겠다.

필리핀 카카오농장의
운영자가 되기까지

코코아필 'CocoaPhil'(Cocoa Foundation of the Philippines, INC)은 필리핀에서 코코아 재배가 가능한 농장 및 단체가 가입된 아시아협회다. 우리 한국초콜릿연구소도 초콜릿 제조 기술력을 인증받아 코코아필의 여섯 번째 회원이 되었다. 카카오 재배 환경이 조성되기 힘든 탓에 직접 카카오를 생산할 수 없는 한국의 한 단체가 어떻게 이처럼 뿌듯한 발자취를 남길 수 있게 되었는지, 지금 생각해도 참 꿈만 같다.

필리핀 여성 그레첸 리를 만나다

때는 바야흐로 2008년. 아시아에서 직접 카카오 재배가 가능한 해외 농장과 접촉할 수 있는 연결고리가 없을까 궁리하던 나날이 이어지고 있었다. 그러던 중 다문화가정 교육 이수의 일환으로 우리 연구소의 문을 두드린 여인이 있었으니, 바로 '그레첸 리'이다.

그레첸 리는 필리핀에서 석사 교육까지 받은 스물아홉의 젊고 똑똑한 엘리트 여성이다. 본래 고급 호텔에 음식을 납품하는 회사의 직원이었던 첸은, 푸껫에 여행을 왔다가 그녀를 보고 한눈에 반한 지금의 남편을 만나 한국에 시집을 오게 되었다. 처음에는 첸은 물론이거니와 첸의

부모 또한 나이 많은 한국 총각에게 귀한 딸을 줄 수 없다고 펄쩍 뛰었다고 한다. 하지만 지금 남편이 '첸이랑 결혼 안 시켜 줄 바엔 차라리 죽음을 달라'며 난동(?)을 부리는 바람에 무사히 결혼을 했고, 지금은 한국에서 행복하게 살고 있다. 하지만 그녀는 언제나

그레첸 리.

'커리어'에 관한 욕심을 포기하지 못했고, 그런 그녀와 우리 연구소의 만남은 그야말로 찰떡궁합을 이루었다.

나는 그녀에게 필리핀 카카오농장과의 접촉을 도와달라고 요청했다. 그녀는 부모형제가 살고 있는 친정에도 갈 수 있을 뿐 아니라 자신이 본격적으로 다시 일을 할 수 있는 좋은 기회를 얻은 것에 기뻐하며 흔쾌히 우리의 제안을 받아들였다.

카카오농장의 꿈을 싣고 필리핀으로

첸과 함께 필리핀의 카카오농장을 직접 방문하기 위해 본격적인 작업에 착수했다. 우리나라로 치면 제주도쯤 되는 민다나오 지역의 사우스 코타바타 주의 주지사를 만났다. 우리는 필리핀 현지인들에게 카카오 가공 기술 이전을, 카카오농장은 우리에게 어학연수나 한국 농수산 출판장과 같은 시설을 제공하는 게 핵심이었다. 다행히 주지사는 우리의 제안을 충분히 이해하고, 긍정적으로 평가하여 다바오 지역의 뿌엔떼스티나 매니저를 만나게 해주었다. 뿌엔떼스티나는 우리가 찾던 농업진흥청 같은 곳으로, 카카오 농업을 주도하는 곳이라 할 수 있다.

우리는 뿌엔떼스티나 매니저에게 앞서 주지사에게 했던 것과 동일한 제안을 하였다. 그리고 관심이 있으면 연락 바란다는 말을 끝으로 기약 없는 기다림의 시간으로 들어갔다. 하지만 어찌 그냥 기다릴 수만 있겠는가. 계약을 성사시키겠다는 일념으로 하루도 빠짐없이 밀림 안에 있는 뿌엔떼스티나를 방문하여 매니저를 쫓아다녔다. 그가 우리를 철거머리처럼 느낄 만큼.(하하하)

첸은 눈치도 빠르고, 특히 어휘 구사력이 뛰어나 필리핀의 따갈로그어 12종 방언을 모두 구사하는 것은 물론 한국말도 곧잘 해서 나의 파트너로 손색이 없었다. 그렇게 필리핀에서 지낸 지 한 달가량 되었을 즈음 우리의 인내와 끈기, 진심 그리고 그녀의 탁월한 의사소통 능력 덕에 드디어 뿌엔떼스티나 방문을 허락받을 수 있었다.

필리핀 카카오농장과 MOU 체결

2009년 2월, 드디어 우리는 뿌엔떼스티나를 방문했다. 하지만! 긴 여정의 종착역에 드디어 입성하는 순간, 농장의 규모와 외관에 약간의 실망감이 몰려왔다. 그러나 필리핀 사람들 특유의 친절함과 인간미에 반해 점차 실망감은 옅어

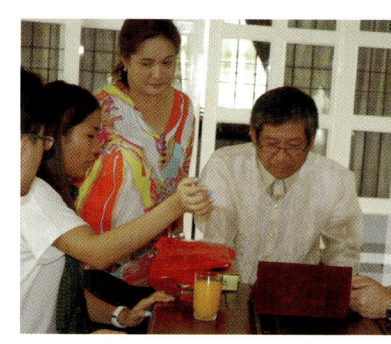

주지사 MOU.

지고, 오랫동안 꿈꿔왔던 소중한 꿈을 실현할 수 있을 것이라는 희망이 빛을 발하기 시작했다.

사무실에서 형식적인 인사를 서둘러 마치고, 본격적인 카카오농장 방문에 들어갔다. 말레이시아 농장이 대규모 계획에 따라 정해진 방법대로 공장처럼 운영하는 형태라면, 필리핀 농장은 각 농가에서 재배한 것들을 한곳에 모아 운영·관리하는 형식을 취하고 있다. 우리나라 농업협동조합 형태라 생각하면 이해가 쉬울 것이다. 카카오 원두 건조실도 농가마다 따로 관리를 하는데, 농가마다 각기 다른 카카오 재배 모습을 보며 설명을 듣는 것도 제법 재미가 있었다.

농장 구경을 마치고 드디어 이번 필리핀 여행의 대미를 장식할 순간이 다가왔다. 바로 우리의 제안에 대한 합의점을 찾아 양해각서(MOU)를 체결하는 것이다.

MOU의 기본 골자는 이렇다. 2009년부터 우리는 필리핀 다바오의 뿌엔떼스티나를 영구 임대할 수 있다. 그 조건으로 우리는 카카오농장 안에 사는 현지인들에게 카카오 가공법을 교육하고, 가공 대가로 월급을 줄 것이다. 단, 월급은 돈이 아니라 카카오 원두로 지급한다. 마치 고대 아스텍 문명에서 카카오 원두가 화폐의 가치를 지녔던 것처럼 필리핀에서도 카카오 원두를 팔아 돈으로 쓸 수 있기 때문이다. 이러한 내용을 담은 양해각서에 사인을 하고 나니 성큼 꿈에 한 발 다가간 기분이 들면서, 뭐라 형용하기 어려운 설렘과 감동이 밀려왔다.

카카오 생산부터 가공까지 직접 우리 손으로

뿌엔떼스티나와 업무제휴를 맺은 초창기에는 직원이나 스태프 위주로 4박 5일가량의 카카오농장 방문 교육을 실행했다. 뿌엔떼스티나는 우리의 적극적인 자세와 기술력에 놀랐는지, 차차 대우가 달라지기 시작했다. 경찰들이 에스코트를 해주는 것은 기본이고, 리조트를 통째로 내주기도 하고 심지어 리조트 간판에 우리 단체명을 기재한 문패를 달아주기도 했다. 전담 보조원까지 붙여줄 만큼 대접이 융숭해진 것이다. 처음에 딱딱하고 사무적이던 그들의 태도에 비하면 실로 눈물 나는 변화가 아닐 수 없다.

그들이 우리를 믿고 신뢰한다는 뜻이기에 더욱 감동이 밀려왔다.

우리 연구소에서는 상반기와 하반기에 걸쳐 일 년에 두세 번 카카오농장 방문교육을 실행하는데, 이때 수강생들에게 카카오 생산부터 Raw 초콜릿 생산까지 직접 경험하며 교육을 받을 수 있게 해준다. 필리핀 현지인들 역시 우리와 함께 교육받고 교육을 시켜준다. 즉 카카오가 없는 우리는 현지인에게 생산 교육을 받고, 우리는 그들에게 가공 교육을 시키는 것이다. 서로 원원 관계가 형성되어 창출해내는 시너지 효과는 실로 어마어마하다.

첫째, 우리는 부유한 농가를 섭외한 다음 현재 쓰고 있는 기계를 튜닝하여 로스팅 기계를 만들었다. 이 기계로 Raw 초콜릿의 하나인 따블레아(Tablea, Tableya) 생산을 시작했다. 따블레아는 원시 초콜릿이라고도 하는데, 발효된 원두를 로스팅한 뒤 갈아서 그대로 굳힌 초콜릿을 의미한다.

여기서 생산한 따블레아에 '메이드 인 뿌엔떼스티나'란 마크를 달고 수출을 시작했는데, 따블레아는 가공 과정을 거치지 않은 카카오 원두보다 무려 일곱 배 비싸게 팔고 있다고 한다. 카카오 원두는 1킬로그램에 몇 천 원에 불과하지만, 따블레아는 120그램에 1달러를 받는다고 하니 가

카카오농장 방문교육 모습.

치 차이가 현격하게 나는 것을 볼 수 있다. 우리의 가공기술 전수 덕분에 현지인들의 삶은 그 전보다 훨씬 풍족해졌다. 제일 가난했던 이들이 중류층이 될 만큼 말이다. 우리를 의심의 눈초리로 바라보던 다른 농가 사람들도 이제는 먼저 업무제휴를 요청할 정도이니, 어찌 보면 이들이 우리에게 융숭한 대접을 하는 것도 당연하다고 볼 수 있지 않을까?

둘째, 우리가 농사지은 카카오 원두를 포함해서 우리의 카카오 원두는 미국의 마스 초콜릿으로 전량 수출된다. 그만큼 카카오 원두의 품질이나 생산량이 좋은 평을 받았다고 할 수 있다.

업무제휴의 이점은 우리 한국초콜릿연구소의 입장에서도 적지 않다. 카카오 원두를 재배할 수 없는 국내에서는 꿈도 꿀 수 없는 초콜릿 생산의 전 과정을 체험할 기회가 주어진 것이기 때문이다. 이는 그 어떤 초콜릿아카데미에서도 경험할 수 없는 우리만의 특화된 교육 프로그램이다. 카카오 원두를 직접 심고 수확한 다음 건조와 발효를 거쳐 2차 가공하는 과정까지 실제 눈으로 보고 직접 체험하며 진짜 초콜릿의 세계에 한 발 더 가까워질 수 있다.

초콜릿을 사랑하는 마음이 오늘날 이렇게 건강하고 생산적 관계가 형성된 것을 보면, 초콜릿이 비단 연인 사이에서만 사랑의 묘약은 아닌 것 같다. 초콜릿을 통해 한국초콜릿연구소와 뿌엔떼스티나, 그 범위를 확장해 한국과 필리핀이 서로에게 신뢰를 주는 사이로 발전되었으니 말이다.

초콜릿 만들기

3장

고급 초콜릿은 템퍼링이라는 안정화 작업을 해야 하지만, 코팅 초콜릿은 카카오 버터 대신 코코넛유와 야자경화유, 대두유, 팜유 등과 같은 식물성 유지를 쓰기 때문에 템퍼링이 필요 없으며, 블룸 현상의 염려 또한 없다. 코팅 초콜릿은 공예나 초콜릿을 응용한 과자 등 준초콜릿을 만들 때 많이 쓰이며, 사용이 편리한 대신 커버춰 초콜릿과 비교하여 풍미가 많이 떨어진다.

초콜릿
용어

초콜릿을 공부할 때 자주 사용하는 용어지만, 뜻을 정확히 몰라서 잘못 사용하는 경우가 종종 있다. 본격적인 초콜릿 만들기에 들어가기에 앞서 간단하게 초콜릿 용어를 살펴보자.

(1) 카카오(Cacao)

초콜릿을 만드는 원료로 카카오나무의 열매를 말한다.

(2) 코코아(Cocoa)

카카오(cacao)의 영어식 표기이다. 카카오 열매를 가공하여 카카오 매스와 카카오 버터를 분리하는데, 카카오 매스를 물에 바로 타서 먹기 위해 카카오 매스에 식물성 유지(유지코코넛유, 대두유, 팜유 등), 설탕, 분유, 전분 등을 혼합하여 섞어놓은 가루를 뜻하기도 한다. 코코아믹스라고도 한다.

(3) 카카오 버터(Cacao Butter)

가공된 카카오 원두에 압력을 가하면 추출되는 카카오의 유지방을 말한다. 고형분을 녹이면 맑은 상아색을 띠는 버터와 같은 상태가 되는데, 이는 화이트 초콜릿의 재료인 화이트 커버춰로 많이 사용된다.

(4) 카카오 매스(Cacao Masse)

가공된 카카오 원두에서 카카오 버터를 추출하고 남은 것을 건조한 뒤 곱게 분쇄하여 페이스트(paste, 액체와 고체의 중간쯤 되는 굳기) 상태로 만든 것을 말한다. 이 카카오 매스에 카카오 성분 대부분이 함유되어 있으며, 건강에 가장 좋은 초콜릿의 형태라 할 수 있다. 또한 카카오 매스는 카카오의 천연 가공품 상태이므로 당분을 전혀 포함하지 않아 진한 초콜릿 특유의 쌉싸름한 향미를 느낄 수 있다. 카카오 매스 상태로 먹기보다는 다크 커버춰나 밀크 커버춰 혹은 가나슈를 만들 때 많이 사용되며, 카카오 매스 함량에 따라 초콜릿의 등급이 나뉜다.

(5) 커버춰 초콜릿(Couverture Chocolate)

'~을 씌우다, 덮다'라는 의미를 지닌 영어 단어'커버(Cover)'와 같이 '~을 입히다, 피복하다'라는 뜻을 지닌 프랑스어 '쿠베르튀르'를 영어식으로 표기한 것이다. 커버춰 초콜릿은 봉봉 초콜릿의 알맹이인 가나슈 등 부드러운 내용물을 감싸기 위한 용도로 쓰인다. 따라서 주로 고급 초

콜릿을 감싸기 위한 디핑(dipping)용으로 쓴다. 커버춰 초콜릿 자체가 고급 초콜릿이라는 이미지가 강하지만, 고급 초콜릿을 커버춰 초콜릿이라고 부르는 것은 잘못된 용어 사용이다. 일반적으로 카카오 함량이 31퍼센트 이상 포함되어야 커버춰 초콜릿이라 부를 수 있다.

(6) 코팅 초콜릿(Coating Chocolate), 넌템퍼링 초콜릿(Non-tempering Chocolate)

고급 초콜릿은 템퍼링이라는 안정화 작업을 해야 하지만, 코팅 초콜릿은 카카오 버터 대신 코코넛유와 야자경화유, 대두유, 팜유 등과 같은 식물성 유지를 쓰기 때문에 템퍼링이 필요 없으며, 블룸 현상의 염려 또한 없다. 코팅 초콜릿은 공예나 초콜릿을 응용한 과자 등 준초콜릿을 만들 때 많이 쓰이며, 사용이 편리한 대신 커버춰 초콜릿과 비교하여 풍미가 많이 떨어진다.

(7) 초콜릿 칩(Chocolate Chip)

카카오 매스와 설탕을 섞어놓은 작은 초콜릿 조각으로 제과, 제빵에 사용된다. 주로 고온에서 굽는 쿠키에 많이 활용되며, 그밖의 여러 디저트류에도 많이 쓰인다.

(8) 잔두야(gianduja)

헤이즐넛이나 아몬드 반죽, 설탕과 초콜릿을 섞어놓은 것으로 이탈리아에서 발달했다. 볶은 견과에 입자가 고운 설탕을 더해 롤러로 간 다음 녹인 초콜릿이나 카카오 버터를 더하여 전체를 부드러운 페이스트 상태로 만든 것이다. 잔두야는 주로 봉봉 초콜릿의 센터로 쓰이며, 아몬드를 재료로 한 잔두야 오 자망드(gianduja aux amandes)와 헤이즐넛으로 만든 잔두야 오 누아제트(gianduja aux noisettes)가 대중적이다.

초콜릿의 종류

초콜릿은 카카오 매스의 함량이나 첨가 재료 혹은 모양에 따라 종류가 다양하며 재료에 따라 혹은 분류와 형태에 따라 나누어 설명할 수 있다.

재료에 따른 분류는 다시 다크 초콜릿(Dark Chocolate)과 밀크 초콜릿(Milk Chocolate), 화이트 초콜릿(White Chocolate) 등 세 가지로 나뉘며, 형태에 따른 분류는 봉봉 초콜릿(Bonbon Chocolate)과 판 초콜릿(Solid Chocolate), 쉘 초콜릿(Shell Chocolate), 할로우 초콜릿(Hollow Chocolate), 엔로버 초콜릿(Enrober Chocolate) 그리고 팬워크 초콜릿(Pan-Work Chocolate) 등 여섯 가지로 나눌 수 있다.

재료에 따른 분류

다크 초콜릿(Dark chocolate)

카카오 매스와 카카오 버터, 설탕을 주원료로 한다. 다크 초콜릿은 카카오 매스 함량이 40퍼센트 이상이며, 카카오 버터의 함량은 약 10퍼센트로 초콜릿 중 카카오 매스 함량이 가장 높다. 앞서 우리나라 초콜릿 표준규격에 제시된 바와 같이 카카오 매스 함유량이 20퍼센트 이상 되어야 초콜릿이라 표기할 수 있으며, 그 이하는 준초콜릿 혹은 초콜릿 타입이라고 써야 한다.

카카오 매스의 함량이 많을수록 쓰고 신맛이 강하며, 진한 갈색을 띤다. 카카오 매스 함량에 따라 쿠킹(Cooking, 100퍼센트), 엑스트라비트(Extrabitter, 50퍼센트 이상), 세미스위트(Semisweet, 35퍼센트 이상), 스위트(Sweet, 15퍼센트 이상)로 구분하기도 한다. 이 외에도 다크 초콜릿에는 유기농 초콜릿(Organic Chocolate)과 무설탕 초콜릿(Sugar-free Chocolate), 오리진 초콜릿(Origin Chocolate) 등이 포함된다.

밀크 초콜릿(Milk Chocolate)

카카오 매스와 카카오 버터, 설탕 그리고 우유를 주원료로 하며, 카카오 매스 함량이 약 25퍼센트 이상 차지하여 초콜릿 중 카카오 매스 함량이 두 번째로 많다. 밀크 초콜릿은 다크 초콜릿보다 함량이 낮은 카카오 매스 대신 설탕과 우유, 5~8퍼센트의 카카오 버터와 바닐라 그리고 리시틴 등 유성분의 비중이 높다. 따라서 밀크 초콜릿은 쌉싸름한 초콜릿 본연의 풍미에 부드러운 단맛이 더해져 세계적으로 가장 인기가 높다.

화이트 초콜릿(White Chocolate)

카카오 매스가 전혀 함유되지 않고, 카카오 버터와 설탕 그리고 우유를 주원료로 한다. 화이트 초콜릿은 30퍼센트 이상의 카카오 버터와 우유, 설탕만으로 만들어져 흰색을 띠는 게 특징이다. 다양한 색상을 표현하기에 좋으며, 다크 초콜릿과 함께 데이트 초콜릿을 만들기도 한다. 다량의 카카오 버터와 우유, 설탕이 함유되어 있어 단맛이 가장 강하다. 카카오 매스가 전혀 포함돼 있지 않으므로 초콜릿이 아니라고 하는 이들도 있다.

형태에 따른 분류

봉봉 초콜릿(Bonbon chocolate)

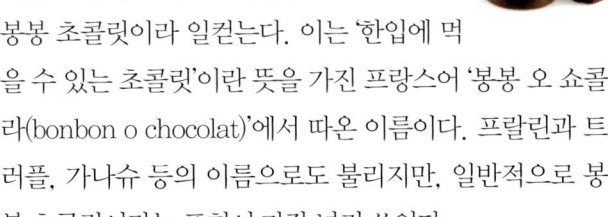

주로 수제 초콜릿 가게에서 파는, 한입에 쏙 들어가는 모양과 크기의 초콜릿을 봉봉 초콜릿이라 일컫는다. 이는 '한입에 먹을 수 있는 초콜릿'이란 뜻을 가진 프랑스어 '봉봉 오 쇼콜라(bonbon o chocolat)'에서 따온 이름이다. 프랄린과 트러플, 가나슈 등의 이름으로도 불리지만, 일반적으로 봉봉 초콜릿이라는 표현이 가장 널리 쓰인다.

봉봉 초콜릿의 또 다른 표현인 프랄린(Praline) 혹은 프랄리네는 '설탕 시럽에 땅콩이나 아몬드 따위를 조린 과자'를 뜻한다. 프랄린은 17세기 초 플레시스 프라슬랭의 부사령관이었던 세자르(Cesar, duc de Choiseul, comte du Plessis-Praslin)의 이름에서 유래되었는데, 프랑스의 군인이자 설탕 생산업자였던 슈아셀 공작의 요리사가 어느 날 끓는 설탕물에 실수로 아몬드를 빠트리면서 탄생했다고 한다. 이때 만들어진 프랄린은 50퍼센트 이상의 견과류나 과일을 초콜릿으로 덮어씌운 것을 의미했지만, 현

재는 봉봉 초콜릿과 같은 뜻으로 더 많이 쓰인다. 벨기에의 프랄리네렌(Pralineren) 또한 '뒤집어씌운다'는 뜻이며, 봉봉 초콜릿의 울퉁불퉁한 겉모습이 마치 못생긴 송로버섯과 닮았다 하여 트러플(Truffle, 송로버섯)이라고도 부른다.

가나슈와 봉봉은 다르다

마지막으로 봉봉 초콜릿을 가나슈(ganache)라고도 하는데, 이는 틀린 표현이다. 가나슈는 생크림과 버터, 우유 등을 초콜릿에 섞어 만든 '초콜릿 크림'으로, 만드는 방식에 따라 다양한 식감을 표현해준다. 따라서 가나슈는 봉봉 초콜릿이나 앙트르메, 프티 가토 등 다양한 양과자에서 초콜릿의 맛을 살려주는 역할을 하는 하위 개념이다.

가나슈는 프랑스어로 '바보 멍청이'를 뜻하는데, 가나슈의 어원에는 재미있는 일화가 함께 전해져 내려온다. 프랑스의 어느 제과점에서 점원이 초콜릿에 우유를 쏟는 실수를 저질렀다. 그것을 지켜본 주인장이 화가 나서 "야! 이 가나슈야!" 하고 욕설을 퍼부었다. 하지만 점원이 실수로 망친 초콜릿을 맛본 사람들은 오히려 그 맛에 매료되었고, 그때부터 그 초콜릿은 가나슈라는 이름으로 정식 판매되기 시작했다고 한다.

초콜릿에 우유가 첨가됨으로 인해 여러 가지 재료가 혼합되어 부드러운 맛을 내는 게 가나슈의 장점이지만, 그만큼 잘 녹고 잘 굳지 않는다는 단점이 있다. 가나슈는 초콜릿으로 겉을 씌우는 디핑 과정을 거치는데, 이를 만두로 비유하자면 가나슈는 만두 소, 초콜릿은 만두피라고 볼 수 있다.

다음 사진은 여러 가지 가나슈를 다크 초콜릿으로 디핑한 것들이다.

프랄린과 트러플, 봉봉은 엄밀히 말하자면 다른 뜻이지만, 지금은 거의 같은 뜻으로 쓰이고 있다. 하지만, 가나슈는 봉봉 초콜릿의 하위 개념으로 같은 의미로 혼용하는 것은 적절치 않다.

판 초콜릿(Solid chocolate)

판 초콜릿은 가나 초콜릿이나 허쉬 초콜릿과 같은 스틱이나 바 모양의 초콜릿으로 시중에서 가장 쉽게 접할 수 있는 형태의 초콜릿이다. 1830년경 몰드 기술이 개발되면서 초콜릿바, 혹은 판 초콜릿이라는 이름으로 유럽에서 만들어지기 시작했다. 주로 아래 사진과 같은 모양으로 만들어지는데, 초콜릿만을 사용한 천연 초콜릿 이외에도 다른 맛을 얻기 위해 너트류나 튀긴 쌀 등 다양한 종류의 판형을 이용한 판 초콜릿이 있다. 하지만 그 모양이나 재료가 정해진 틀에서 크게 벗어나지 못하는 한계점이 있다.

쉘 초콜릿(Shell Chocolate)

쉘 초콜릿은 초콜릿을 틀에 넣어 만든 구 혹은 사각 형태의 초콜릿 겉[Shell]을 일컫는다. 이 속에다 크림이나 잼, 너트 등 여러 가지 내용의 가나슈를 채워서 초콜릿을 만들 수 있다. 쉘 초콜릿은 고급 초콜릿 제품의 가장 일반적인 형태라 할 수 있다.

할로우 초콜릿(Hollow Chocolate)

속이 비어 있는 초콜릿으로, 동물이나 인형, 알 모양 등의 몰드로 만들어진다. 시중에서 흔히 접할 수 있는 형태의 초콜릿은 아니며, 주로 고급 초콜릿 브랜드의 특별 제품으로 만나볼 수 있다.

엔로버 초콜릿(Enrober Chocolate)

과자 등에 초콜릿을 씌운 형태로 가장 흔하게 구할 수 있다. 홈런볼과 초코쿠키 등을 예로 들 수 있다.

팬워크 초콜릿(Pan-Work Chocolate)

너트류나 캔디류 등의 센터 부분에 회전 솥 안에서 초콜릿을 넣어 만든 알갱이 형태의 초콜릿으로 M&M's 초콜릿이 대표적 예다.

초콜릿 공정과 매스 공정의 차이

초콜릿의 제조공정은 앞에서 살펴본 바와 같이 1차 가공과 2차 가공으로 나누어진다. 1차 가공은 카카오 빈을 가공하여 초콜릿의 원료인 카카오 버터와 카카오 매스, 카카오 파우더 등으로 만들기 전까지의 공정이다. 2차 가공은 1차 가공 뒤 로스팅 등의 공정을 거쳐 앞서 열거한 초콜릿의 원료를 만들어 배합하거나 가공하여 우리가 성형할 수 있는 초콜릿으로 만드는 공정이다.

1차 가공은 카카오나무에서 카카오 열매를 수확하여 카카오 빈을 채취하는 작업에서 시작한다. 채취한 카카오 빈은 발효 과정이 필수적인데, 열매의 종류에 따라 발효 기간을 달리하며, 보통 2~7일 정도 발효한다. 고급종인 크리올로 종은 2~3일 정도이며 때에 따라 하루 만에 발효가 끝나기도 한다. 품질이 낮은 포라스테로 종은 5~7일 정도 발효 시간이 걸린다.

발효 과정은 '초콜릿의 꽃'이라 불릴 정도로 초콜릿의 향과 맛이 크게 좌우되는 중요한 작업이다. 발효 뒤 카카오 빈을 건조시키면 1차 가공이 끝난다.

1차 가공을 마친 카카오 빈은 2차 가공에 들어간다. 잘 건조된 카카오 빈을 세척한 다음 좋은 카카오 빈을 따로 나누는 선별을 거쳐 섭씨 130~140도에서 30분간 카카오 빈을 볶는 로스팅을 한다. 이 작업을 선행하면 카카오 빈의 껍질을 까서 버리는 외피 제거 작업이 한결 수월해진다.

껍질을 제거한 카카오 빈은 산성을 중화시키는 알칼리제이션을 거친다. 이 과정에서 영양소가 많이 파괴되므로, 영양소 파괴를 최소화하면서도 몸에 안 좋은 산성 범위를 벗어나는 최적화된 비율로 진행한다. 검고 쓴 초콜릿이 몸에 좋다는 말이 있는데, 그것을 결정하는 과정이 바로 알칼리제이션이다. 이전에는 알칼리제이션을 많이 할수록 검은색에 가까웠는데, 지금은 카카오의 품종 개량에 따라 붉은색에 가까운 것도 많다. 사실 색깔이나 맛에 따라 카카오 매스가 적고 많음을 구분하기 어려워졌기 때문에 이것으로 초콜릿의 질을 예측하기는 힘들어졌다.

카카오 리퀴드를 버터와 매스로 나누는 매스 공정

알칼리제이션을 마친 다음에는 카카오 니브를 다른 성분과 혼합하고, 여기에 압력을 주어 카카오 니브를 갈아서 부수는 마쇄 과정을 거친다. 바로 이 과정에서 카카오 버터와 카카오 매스를 만들기 위한 매스 공정과 초콜릿 공정이 나뉜다.

마쇄 과정을 거쳐 입자를 세밀화하는 정련을 한 다음에는 최소 72시간 동안 반죽을 계속 저어서 입자를 균일하게 만드는 콘칭 단계에 들어선다. 콘칭을 마친 뒤에는 블룸 현상을 방지하는 안정화 작업인 템퍼링을 거쳐 원하는 모양의 초콜릿을 만드는 몰딩까지 끝나면 초콜릿이 완성된다.

여기서 다시 마쇄 과정으로 돌아와서 매스 공정을 살펴보자. 카카오 빈을 기계에 넣고 잘게 부수면 가루가 아니라 꿀처럼 점성이 있는 리퀴드 형태가 되는데, 이를 카카오 리퀴드라 부른다. 이 카카오 리퀴드를 압착기에 넣고 강한 압력을 가하면 카카오 버터가 녹아나오면서 카카오 매스와 완전히 분리된다. 여기서 카카오 버터를 제외한 나머지가 카카오 케이크이며, 이것을 말려서 분쇄하면 카카오 파우더가 된다. 즉, 카카오 빈에서 버터와 파우더가 모두 추출되는 것이다.

카카오 리퀴드에서 카카오 버터를 뺀 나머지를 카카오 매스라고 하는데, 카카오 파우더에도 약 10~25퍼센트 정도의 버터가 남아있기 때문에 사실상 완벽한 카카오 매스는 존재하지 않는다. 이러한 까닭에 카카오의 함량은 카카오 버터와 카카오 매스를 합쳐서 표기하게 된 것이다.

그러나 이처럼 합해서 표기하다 보니 각각의 정확한 비율을 알 수 없게 되었기 때문에 소비자보호단체에서 카카오 버터와 카카오 매스의 개별 표시를 의무화하는 운동을 했고, 마침내 우리나라 식품법상 카카오 매스 함량이 20퍼센트 이상이어야 초콜릿이라는 표기를 할 수 있도록 개별 표기와 정확한 기준이 성립되었다.

초콜릿 공정과 매스 공정을 요약하면, 초콜릿 공정은 마쇄 이후 며칠간의 콘칭 과정을 통해 입자를 부드럽게 만든 다음 설탕과 향료 등을 넣어 초콜릿을 만드는 과정이고, 매스 공정은 마쇄에서 가공 재료로 쓰기 위해 카카오 리퀴드를 카카오 매스와 카카오 버터로 만드는 과정이다.

초콜릿 녹이는 방법

초콜릿을 녹이는 방법은 중탕법과 전자레인지 이용법, 멜팅기 이용법, 온장고 이용법 등 크게 네 가지로 나뉜다.

중탕법

중탕법은 500그램 정도의 적은 양의 초콜릿을 녹일 때 좋다.

1. 냄비에 물을 넣고 끓인 뒤 물이 끓으면 불을 끈다.
(냄비의 크기는 1.5리터 정도가 적당하며, 물의 양이 반 이상을 넘지 않도록 한다.)

2. 냄비보다 조금 큰 볼을 준비하여 잘게 썬 초콜릿을 볼에 담는다.
(볼의 크기는 2리터 정도가 적당하며 재질은 27종 스테인리스가 좋다. 초콜릿은 5밀리미터 이하의 두께로 썰어주는 게 좋으며 더 작아도 상관이 없다.)

3. 볼을 냄비에 올려놓고 주걱으로 저어가면서 초콜릿을 녹인다. 이때 초콜릿의 온도가 섭씨 50도를 넘지 않도록 쉬지 않고 계속해서 잘 저어줘야 한다.

4. 냄비에 물을 너무 많이 넣어서 볼 밑바닥이 물에 닿지 않도록 주의해야 한다.

5. 초콜릿은 물과 상극이므로 중탕을 마치면 꼭 냄비 뚜껑을 닫아 섞임을 방지한다.

전자레인지 이용법

전자레인지 이용법은 물이나 불을 사용할 수 없을 때 좋은 방법이다.

1. 전자레인지 전용 그릇에 초콜릿을 잘게 썰어서 넣는다.

2. 전자레인지를 30초씩 가동시키는데, 30초가 지나면 꺼내서 완전히 식힌 뒤 다시 30초 동안 가열하는 방법으로 초콜릿을 녹인다. 전자레인지를 30초씩 나눠서 가동시키면 초콜릿의 온도가 섭씨 50도를 넘지 않기 때문이다.

멜팅기(heating machine) 이용법

멜팅기 이용법은 500그램 이상의 많은 양의 초콜릿을 녹일 때 편리하다.

1. 멜팅기는 초콜릿을 녹이기 위한 온도 조절이 가능한 기계다. 초콜릿을 녹일 수 있는 그릇의 재질은 27종 스테인리스다.

2. 초콜릿을 녹이기 위한 그릇은 하나짜리와 두 개짜리가 있다. 각 그릇당 최고 8킬로그램 정도의 초콜릿을 녹

일 수 있지만 최고 5킬로그램 정도까지만 사용하는 것이 좋다.

　3. 초콜릿 용량이 큰 만큼 녹이는 시간도 오래 걸리므로 충분한 시간을 가지고 작업을 시작해야 한다.

　(초콜릿 2.5킬로그램을 녹이는 데 약 1시간 30분 정도가 걸린다.)

　4. 멜팅기의 온도 조절 범위는 최고 약 110도지만, 초콜릿을 녹이는 온도는 50도를 넘지 않아야 한다. 또 실제 기계가 나타내는 눈금 온도보다 그릇 속에 들어 있는 초콜릿 온도가 약 5도가량 높다는 점을 감안해야 한다. 따라서 작업 시 녹이고자 하는 온도보다 5도 정도 낮게 설정을 해야 한다.

온장고 이용법

　1. 초콜릿을 녹일 수 있는 스테인리스 그릇에 초콜릿을 잘게 썰어 넣고 온장고에 넣는다.

　2. 이때 온장고는 초콜릿 전용으로 사용해야 하며 다른 음식을 함께 보관하면 안 된다. 초콜릿은 흡향작용을 하므로 다른 음식물의 냄새를 빨아들여 초콜릿이 가지고 있는 본래의 향과 맛이 없어질 수도 있기 때문이다.

　3. 멜팅기보다 녹는 속도가 상대적으로 느리므로 보통 저녁에 넣고 다음 날 아침에 꺼내 쓰기도 한다.

　(초콜릿 2.5킬로그램을 녹이는 데 약 8시간 정도 걸린다.)

　4. 온장고 역시 온도 조절이 가능하지만, 초콜릿을 녹이는 온도는 50도를 넘으면 안 된다.

Tip 초콜릿 녹이는 방법

하나. 바로 녹인 초콜릿보다 녹인 후 12시간 정도 숙성시킨 초콜릿의 맛과 향이 더 뛰어나다.

둘. 녹은 상태의 초콜릿을 24시간 이상 상온에 두면 초콜릿 속의 수분이나 유분 등이 자연 증발해서 질이 좋지 않게 된다. 따라서 쓰고 남은 초콜릿은 바로 굳혀서 밀폐용기에 보관했다가 다시 녹여 쓰는 게 초콜릿의 품질을 유지하는 비법이다.

템퍼링(Tempering)이란?

템퍼링(Tempering)은 초콜릿 반죽을 저어주면서 초콜릿을 녹였다 식힌 뒤 다시 녹이는 등 온도를 조절하며 액체상의 지방 형태를 고체 형태로 바꿔주는 작업을 말한다.

템퍼링이 잘 된 초콜릿은 부러뜨렸을 때 딱 소리가 나는 경쾌한 스냅성이 있다. 뿐만 아니라 마치 잘 닦은 거울처럼 반짝반짝 광택이 난다. 반대로 템퍼링을 거치지 않았거나 제대로 템퍼링을 하지 않은 초콜릿은 단단하지 못해 잘 녹고, 카카오 버터와 카카오 매스가 분리되어 하얀 곰팡이가 핀 것처럼 버터의 문양이 생긴다.

템퍼링은 리얼 초콜릿을 만들 때 사용하는 카카오 버터 때문에 하는 작업이다. 달리 말하면, 카카오 버터 대신 식물성 유지를 사용하는 저가의 초콜릿은 템퍼링을 할 필요가 없다.

템퍼링의 물리적 정의는 카카오 버터 안에 있는 서로 다른 세 가지 지방산인 올레익과 팔미틱, 스테아릭을 서로 붙여 결정을 만드는 작업이다. 서로 다른 성질을 가진 지방산을 결정화하여 안정된 상태로 만들어줘야 표면이 희끗희끗해지는 블룸 현상을 방지할 뿐만 아니라 광택이 날 수 있기 때문이다.

오른쪽 그림은 카카오 버터의 지방산이 템퍼링을 거쳐 결정이 되는 과정을 보여준다.

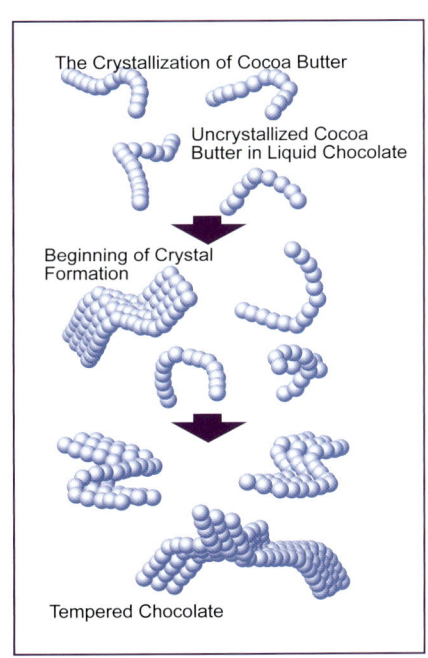

카카오 버터 지방산이 결정이 되는 과정.

템퍼링은 V 결정으로 나머지 분자를 감싸는 작업

초콜릿 전문가들은 초콜릿 표면에 하얀 무늬가 생기는 블룸 현상을 막기 위해 오랫동안 많은 노력과 연구를 해왔다.

Cocoa butter polymorphs		
polymorph	Conditions to make the polymorph	Melting point(℃)
Form I	Rapidiy cooling molten chocolate	17.3
Form II	Cooling the molten chocolate at 2℃	23.3
Form III	Solidifying the molten chocolate at 5-10℃ or storing form II at 5-10℃	25.5
Form IV	Solidifying the molten chocolate at 16-21℃ or storing form II at 16-21℃	27.3
Form V	Solidifying the molten chocolate while stiming Needs a special process called 'tempering'	33.8
Form VI	Storing form V for four months at room temperature	36.3

여섯 가지 카카오 버터 결정의 녹는점.

결국, 무수한 시행착오를 거친 끝에 처리가 잘 된 고밀도 초콜릿일수록 수축률이 높아 몰드 틀에서 잘 떨어진다는 사실을 알게 되었다. 이러한 처리의 핵심이 바로 온도 조절이었고, 이는 곧 초콜릿 결정을 만드는 일로 해석되었다. 온도 조절이 초콜릿에 큰 영향을 끼친다는 사실의 발견은 팻 블룸 현상을 억제하고 초콜릿 표면의 광택과 입안에서 매끄럽고 부드러운 식감을 내는 방법인 템퍼링 공정의 발견으로 전개되었다.

초콜릿 제조 공정에서 템퍼링이 꼭 필요한 이유는 바로 카카오 버터의 특성 때문이다. 카카오 버터는 녹는점이 섭씨 13도에서 35도에 이르기 때문에 상온에서는 고형이었다가 입안에서 잘 녹는 특징이 있다. 카카오 버터의 녹는점 분포가 넓은 이유는 카카오 버터를 이루고 있는 원자의 여섯 가지 결정이 녹는점이 각기 다르기 때문이다. 여섯 가지 결정의 녹는점은 순서대로 13도, 21도, 25도, 27도, 31도, 그리고 35도이므로 녹는점의 분포가 13도에서 35도까지 이르게 되는 것이다. *

그중 가장 좋은 형태는 다섯 번째 형태의 결정인데, 이를 'V(5) 결정'이라 표기하기도 하고, 'β(베타) 결정'이라고 표기하기도 한다. 어떤 형태의 결정이냐에 따라 초콜릿의 맛과 품질이 달라지는데, V 결정을 많이 가질수록 단단하면서도 부드럽게 녹는 초콜릿이 된다. 따라서 템퍼링은 V 결정으로 나머지 분자를 감싸는 작업이라 할 수 있다.

V 결정을 많이 함유하기 위해서는 카카오 버터를 저으면서 온도를 적절히 조절하는 것이 필요하다. 녹은 상태에서 온도를 떨어뜨리면 IV 결정과 V 결정이 만들어지고, 다시 온도를 약간 높이면 IV 결정이 녹아서 V 결정만 남게 된다. 이렇게 카카오 버터 속에 V 결정이 만들어지고 나면 다시 온도를 천천히 낮춘다. 그러면 결정 주변의 카카오 버터가 이미 만들어진 결정을 키우면서 고형화되는데, 이렇게 해서 초콜릿 전문가들이 그토록 원하던 광택이 나는 고품질의 초콜릿이 탄생하는 것이다.

다음은 이러한 V 결정이 잘 형성된 것과 그렇지 않은 것의 차이를 나타낸 비교 사진이다.

* 녹는점의 분포는 학자마다 다르게 주장한다. 본 연구소에서 한 실험에 의하면 녹는점은 13도에서 38도의 분포를 이루었다.

템퍼링 안된 커버쳐 초콜릿 　블룸이 일어난 초콜릿 　템퍼링 완료 후의 초콜릿

자연계에는 이처럼 여러 개의 결정을 갖는 물질이 여러 가지 있는데, 이를 '폴리모피즘'(Polymorphism)이라 한다. 우리말로 번역하면 '다형성'이다. 그리고 이러한 물질 속에서 구조가 다른 결정 하나하나를 '폴리모프'(Polymorph)라고 부른다. 폴리모프의 대표적인 물질로는 ROY라고 불리는 물질을 꼽을 수 있는데, ROY의 결정은 한눈에 모두 구별할 수 있을 정도로 다르다. 그러나 카카오 버터는 ROY와 달리 결정을 볼 수 있도록 키우기가 어렵기 때문에 그 형태를 육안으로 확인하기가 힘들다.

원자는 서로의 인력과 척력으로 분자를 구성하고, 결정의 구조가 바뀌면서 다른 형상이 새롭게 만들어지곤 한다. 이렇게 생겨나는 폴리모프는 안정성과 녹는점, 어는점 등이 차이가 나게 된다. 앞에서 말했듯 ROY는 결정을 키우면 한눈에 알아볼 수 있지만, 결정을 키우지 못하는 초콜릿의 경우에는 XRD(X-Ray Diffraction, 엑스레이 회절법)로 분자 내의 원자 구조를 구별한다. 엑스레이 입자가 분자 내부를 통과하면서 간섭에 의해 회절되는 정도를 표시하게 되는데, 이를 분석하면 물질 내의 결정이 다른 구조인지 같은 구조인지를 판별해낼 수 있다.

실험을 통해 카카오 버터는 여섯 가지의 폴리모프를 가지고 있다고 밝혀졌다. 이를 구분하기 위해 로마 숫자 I부터 VI까지를 붙이기도 하고, 알파벳 문자로 γ, α, β, β' 등으로 나누기도 한다. 이때 공통적으로 쓰는 용어인 γ는 매

우 불안정한 상태를 의미하며, α는 불안정, β는 안정된 상태를 의미한다.

카카오 버터의 폴리모프 특징

카카오 버터의 결정형에 대해 자세히 알아보자. TAG라고 불리는 카카오 버터는 트리클리데리드(Tryclyderide)라는 글리세롤과 카르복실 지방산으로 이루어져 있다.

안정된 결정질은 V(β) 결정인데, 이것은 각 분자가 정렬되어 규칙적으로 배열되어 있다. 이러한 규칙적인 배열 중 최소 단위는 서브셀(subcell)이라고 한다.

카카오 버터의 대표적인 결정 모양은 폴리모프 II(α) 결정과 III(β) 결정, IV(β') 결정으로 간단하게 표현한다. II(α) 결정은 결정화라고 말하기 어려울 정도로 뭉쳐 있는 모습이며, IV(β') 결정은 직육면체의 모습을, III(β) 결정은 기울어진 직육면체 모습을 보여준다.

이러한 결정들은 두 층으로 쌓여 결정을 키우는 방법과 세 층으로 쌓여 늘려나가는 방법, 이렇게 두 가지 방법으로 결정 주위의 카카오 버터를 고형화시킨다. 이때 두 층은 상대적으로 밀도가 낮으므로 낮은 온도에서 녹게 되고, 세 층은 단단하게 굳게 되어 녹는점이 높아진다.

이를 열역학적인 관점에서 보면 액체에서 결정화가 진행될 때 갖게 되는 에너지가 II(α) 결정이 가장 높게 되어, 녹는점이 낮다. 또한 III(β) 결정, IV(β') 결정의 순서대로 안정화되어 있다는 것을 알 수 있다.

다시 말해 액체가 결정화되면서 몇몇 중간 단계를 거치게 되는데, 그 단계 하나하나가 형상이 다른 폴리모프로

존재한다. 불안정한 결정은 시간이 지남에 따라 안정된 결정으로 변화하며, 이러한 변화는 확산의 방법으로 진행되므로 느리면서도 제어하기 힘든 특성이 있다.

다음은 공융(共融) 혼합물(두 가지 이상의 고체로 이루어진 일정한 조성의 고체 혼합물을 녹일 때, 각 성분들이 본래의 녹는점보다 낮은 온도에서 동시에 녹는 현상)의 조성에 따라서 녹는점(굳는점)이 결정되는 것을 표현한 그래프이다.

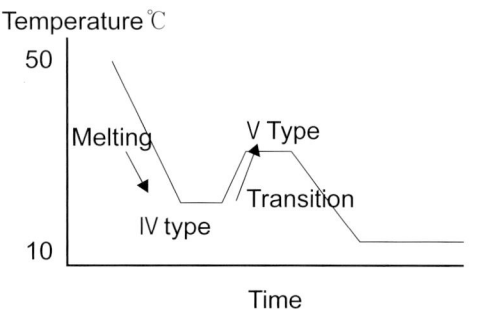

템퍼링 온도에 따른 카카오 버터 결정의 타입 형성.

위의 그래프를 통해 카카오 버터와 당분의 조성에 따른 초콜릿의 조직을 예상할 수 있으며, 나아가 초콜릿의 조직을 바꾸는 것도 가능하다. 그뿐만 아니라 온도와 공융 혼합물 조성에 따른 결정상의 변화가 위의 그래프에 표현되어 있어 액체와 고체, 조직 등의 제어 가능성을 확인할 수 있게 되었다. 이는 근래의 많은 과학자들이 초콜릿의 변화무쌍한 모습을 과학으로 풀어보고자 노력한 결과가 아닐 수 없다.

초콜릿 속 카카오 버터의 결정 형상이 초콜릿의 맛과 느낌을 결정하는 데 큰 영향을 준다는 것이 밝혀지자 경험으로만 알고 있었던 템퍼링에 대한 기초 지식까지 제공해주게 되었다. 과학과 공학의 발전으로 초콜릿 속 카카오 버터가 I, II, III, IV, V, VI과 같이 여섯 가지의 결정형을 갖

고 있다는 비밀이 풀리면서 이전에 γ, α, β, β' 네 가지 결정형으로 설명하지 못했던 현상을 규명해낸 것이다.

앞서 설명한 바와 같이 카카오 버터의 여섯 가지 결정 중 가장 이상적인 결정이 V 결정이라는 사실이 과학적으로 입증되자 초콜릿 제조업자들은 미세한 온도 조절을 통해 V 결정을 많이 만들기 위해 노력했다.

그러나 초콜릿 제조에서 가장 이상적인 결정은 V 결정이지만 가장 안정적인 형태는 V 결정이 아니라 VI 결정이다. 따라서 초콜릿을 잘못 보관할 경우 팻블룸과 슈거블룸 등 초콜릿 표면에 변화가 일어나게 되는데, 이러한 현상의 원인은 카카오 버터 속 V 결정이 VI 결정으로 전환되며 발생하는 것이다.

블룸 현상을 방지하기 위해서는 템퍼링뿐만 아니라 작업 후 초콜릿의 보관에도 각별한 주의를 기울일 필요가 있다. 초콜릿은 적절하게 낮은 온도에서 보관하는 것이 좋지만 습도가 높고 좋지 않은 냄새가 흡수될 수 있는 냉장 보관은 좋지 않다. 초콜릿 보관에 대해서는 뒤에서 다시 자세히 다루도록 한다.

카카오 버터에 영향을 주는 요인은 온도 이외에도 카카오 버터와 함께 존재하는 당분과 카카오 고형분이 있다. 결정화된 카카오 버터 사이사이에 이들이 규칙적으로 존재한다면 가장 이상적인 결과가 되겠지만, 그러한 이상적 배치는 사실상 불가능하므로 성분들이 뭉치게 된다. 가장 좋지 않은 결과는 뭉친 성분들이 서로 다른 결정을 만들어 그 결정들이 섞이지 못하는 경우이다. 따라서 많은 초콜릿 제조회사들은 그동안의 경험을 토대로 모든 성분의 최적의 배치를 갖고자 연구하고 있으며 과학의 발전과 더불어 큰 도약을 하고 있다.

템퍼링
방법

앞에서 언급한 바와 같이 카카오 버터의 여섯 가지 분자 구조를 안정화(크리스털화)하기 위해 초콜릿 제조 과정에서 온도를 조절하는 템퍼링 작업은 필수적이다. 템퍼링 방법에는 대리석을 이용한 것과 수냉법을 이용한 것이 있다.

다크 초콜릿과 밀크 초콜릿, 화이트 초콜릿 등 초콜릿의 종류마다 미세한 온도 차가 있어 대리석을 이용한 템퍼링 작업 시에는 온도 조절에 유의해야 한다. 또한 사계절이 뚜렷한 우리나라는 여름과 겨울의 온도 차가 크게 벌어져 템퍼링이 쉽지 않으므로 여름과 겨울에 하는 템퍼링 방법을 각각 숙지할 필요가 있다.

(1) 대리석을 이용한 템퍼링(Marble Tempering)

대리석을 이용한 템퍼링을 할 때는 대리석뿐만 아니라 작업하는 장소의 환경도 매우 중요하다. 대리석의 온도는 섭씨 22~25도가, 작업장의 온도는 섭씨 25~26도가 적당하다.

초콜릿 종류에 따른 분류

다크 초콜릿

다크 초콜릿은 일반적으로 카카오 매스와 카카오 버터

템퍼링 과정.

를 주성분으로 한다. 녹이는 초콜릿의 온도가 50도를 넘지 않도록 해서 그릇에 약 3분의 1만 남기고 나머지를 대리석 위에 붓는다. 이때 작업장의 온도나 습도 혹은 대리석의 온도에 따라 대리석 위에 붓는 초콜릿의 양을 적당히 조절한다.

대리석에 부은 초콜릿을 스크래퍼와 넓적한 조리 주걱인 스패튤러로 넓게 펴면서 끊임없이 저어준다. 이때 대리석의 온도를 이용해 초콜릿의 온도를 26~28도로 낮추는데, 손가락 등으로 대리석을 만졌을 때 약간 차가운 느낌이 드는 정도의 온도이다.

온도를 낮춘 초콜릿이 굳어서 하얀 띠가 생기기 전에 재빨리 그릇 속으로 옮겨 3분의 1가량 남겨두었던 초콜릿과 함께 잘 저어준다. 이때 섞기 전 그릇 속에 남겨둔 3분의 1가량의 초콜릿 온도는 섭씨 약 34~36도가 적당하다.

잘 섞여진 초콜릿의 온도를 섭씨 28~32도로 맞춘 뒤 그 온도를 유지한다. 작업 중 초콜릿이 너무 식어버릴 경우 약간의 열을 가하여 녹여도 생성된 결정에는 큰 문제가 없다.

밀크 초콜릿

밀크 초콜릿은 카카오 매스와 카카오 버터에 우유가 첨가되어 세 요소가 주성분을 이룬다. 밀크 초콜릿의 템퍼링 방법은 다크 초콜릿과 동일하나 초콜릿의 온도를 1도 정도 낮춰서 템퍼링하는 것이 차이다.

화이트 초콜릿

화이트 초콜릿은 카카오 버터와 우유가 주성분이고, 카카오 매스가 전혀 포함되어 있지 않다. 템퍼링 방법은 다크 초콜릿과 동일하지만 초콜릿의 온도를 2도 정도 낮춰서 템퍼링한다.

Tip 대리석을 이용한 템퍼링 작업 시 주의사항

대리석에 부은 초콜릿을 넓게 폈다가 모았지만 초콜릿의 온도가 충분히 낮아지지 않아 다시 초콜릿을 펴서 온도를 낮출 때는 처음보다 넓게 펴지 않도록 주의해야 한다. 초콜릿의 온도가 고르지 않아 템퍼링에 실패할 수 있기 때문이다. 또한, 카카오 버터의 수분이 날아가 초콜릿이 건조해질 수 있으므로 초콜릿을 대리석 위에 폈다가 다시 모으는 동작을 필요 이상으로 많이 반복하지 않는 게 좋다.

계절에 따른 분류

겨울

겨울에는 작업장의 온도뿐만 아니라 대리석의 온도가 섭씨 10도 이하로 내려가기도 하므로 초콜릿을 대리석 위에 부었을 때 바로 굳어버리는 낭패를 당할 수 있음을 주의해야 한다.

따라서 토치나 열기구로 대리석을 충분히 가열하여 대리석 온도를 반드시 섭씨 17도 이상으로 올려야 한다. 이때 너무 건조하면 템퍼링을 마친 뒤 초콜릿에서 광택이 나지 않을 수도 있으므로 작업장 내 난방기구의 난방열이나 더운 바람이 초콜릿에 직접 닿지 않도록 각별히 주의해야 한다. 또한, 대리석 위에 붓고 그릇에 남기는 초콜릿의 양도 여름 때보다 조금 넉넉히 해야 한다.

대리석 위에 초콜릿을 펴서 온도를 낮출 때는 되도록 너무 넓게 펴지 않도록 주의한다.

특히 겨울에 템퍼링 작업을 할 때는 대리석 위에 초콜릿을 폈다가 모으는 동작을 1회 이상 반복하지 않는 게 좋으므로 초콜릿을 대리석 위에 폈을 때 원하는 온도까지 충분히 낮춰야 한다. 온도가 낮춰진 초콜릿의 온도는 약 27도 정도로 맞추고, 그릇 속에 남아 있는 초콜릿의 온도는 약

37도가 적당하다.

템퍼링이 끝난 초콜릿은 다음 작업을 위해 그 온도를 유지하는 게 중요한데, 상온에서는 쉽지 않으므로 초콜릿이 담긴 그릇보다 작은 그릇에 약 36도의 물을 받아 초콜릿이 담긴 그릇을 받쳐두면 원하는 온도를 유지할 수 있다.

여름

여름에 대리석을 이용하여 템퍼링 작업을 할 때도 가장 중요한 것이 대리석 온도이다. 작업장의 온도는 냉방기로 쉽게 제어할 수 있지만, 대리석은 그렇지 않기 때문이다. 작업 시 대리석의 온도는 반드시 26도 이하로 낮춰야 하며, 온도가 떨어지지 않을 때는 얼음물을 분무기로 뿌려주는 게 효과적이다. 하지만 작업 전에는 반드시 물기를 완전히 닦아내야 한다.

대리석에 초콜릿을 부을 때는 겨울과 반대로 대부분의 양을 다 부어야 한다. 스크래퍼와 스패튤러를 이용하여 폈다 모으기를 반복할 때도 겨울과 달리 두 번째 펼칠 때 첫 번째보다 넓게 펴야 한다. 하지만 겨울과 마찬가지로 폈다 모으는 동작은 너무 많이 하지 않도록 한다.

또한, 냉풍기 등에서 나오는 찬바람이 템퍼링 실패의 원인이 될 수도 있으므로 가급적 찬바람이 직접 초콜릿에 닿지 않도록 유의해야 한다.

(2) 수냉법을 이용한 템퍼링

완전히 녹은 45도 정도의 초콜릿이 들어있는 그릇을 얼음이 담긴 15~18도 정도의 물그릇에 넣어 초콜릿의 온도를 26~28도까지 낮춘다. 낮춰진 온도를 중탕법으로 다시 28~32도까지 서서히 올린다.

수냉법을 이용한 템퍼링을 할 때 주의할 점은 초콜릿이 들어있는 그릇을 얼음물에 너무 오랫동안 담가두면 그릇 밑부분의 초콜릿이 굳게 된다는 점이다. 이런 현상을 방지하기 위해 템퍼링 작업 중간에 초콜릿이 굳지 않도록 담갔다 꺼내기를 반복해야 한다.

블룸(Bloom) 현상

초콜릿을 만들다 보면 완성된 초콜릿 표면에 빨간 점이 나 이상한 줄무늬가 생기기도 하고 곰팡이가 핀 것처럼 표면이 허옇게 변할 때가 있다. 이와 같은 현상을 초콜릿에 마치 하얗게 꽃이 핀 것 같다고 해서 블룸 현상이라고 한다. 블룸(Bloom)은 독일어로 꽃을 뜻한다. 블룸 현상은 초콜릿을 만드는 과정에서 온도나 습도가 맞지 않을 때 발생하는데, 이를 방지하기 위해 초콜릿을 크리스털화하는 템퍼링 작업을 하는 것이다.

템퍼링이 잘 된 초콜릿은 블룸 현상이 일어나지 않지만, 중요한 건 템퍼링 작업이 끝난 직후 초콜릿이 녹아 있을 때에는 블룸 현상이 일어날 것인지 아닌지를 전혀 알 수 없다는 것이다. 다시 말해 초콜릿이 제품으로 완성되어 완전히 굳은 후에야 블룸 현상의 출현 여부가 나타난다. 이처럼 복병과도 같은 블룸 현상의 성질 때문에 밤을 새워가며 주문받은 초콜릿을 만들어 포장하려는 순간, 블룸을 맞닥뜨리는 경우가 종종 발생하는데 그때의 낭패감과 황당함은 이루 말할 수 없다. 심지어 납품해야 할 시간이 촉박할 때는 더욱 정신이 아득해진다. 이때는 초콜릿이 아니라 쇼콜

라티에의 얼굴에 빨간 꽃이 피고 만다.

블룸 현상의 두 가지 종류

블룸 현상은 팻블룸(Fat Bloom)과 슈거블룸(Sugar Bloom)으로 나뉜다.

팻블룸은 카카오 버터의 결정이 안정화될 때 발생하는 융해열 때문에 녹은 카카오 버터의 일부가 초콜릿 표면으로 스며 나와 고형화되면서 하얗게 되는 현상을 일컫는다. 간단히 말하자면 팻블룸은 고온일 때 초콜릿 속 지방 성분이 분리되며 발생하는 블룸 현상이다. 잘못된 템퍼링은 결과적으로 초콜릿 표면을 하얗게 만들고 내부는 분말 상태 혹은 입자 상태의 조직이 되는 현상을 초래하고 만다. 이러한 현상의 원인은 β' 결정체에서 β 결정체로 이행할 때 생기는 수축이 고형화된 유지 사이에 틈을 만들기 때문이다. 또한 갈라진 틈새로 나온 카카오 버터가 빛을 산란시켜 표면을 하얗게 보이게 하는 것이다.

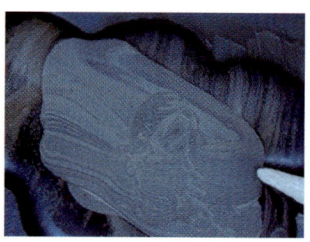

팻블룸.

팻블룸은 초콜릿을 장기 보존하면서 기온의 변동이 클 때도 발생한다. 이런 경우에는 부분적으로 용해된 카카오 버터가 갈라진 틈을 통해 초콜릿 표면으로 밀려 나와 고형화되면서 팻블룸을 생성하는 것이다.

슈거블룸.

슈거블룸은 설탕의 수분 흡습성으로 인해 발생하는데, 설탕이 공기 중의 수분을 흡수하거나 초콜릿의 수분으로 초콜릿 속 설탕의 일부가 녹는 현상을 의미한다. 상대적으로 온도가 낮게 맞춰진 상태에서 템퍼링을 했을 때 슈거블룸이 발생할 수 있다. 또한 수분이 높은 방에 초콜릿을 보관할 경우 슈거블룸이 발생할 빈도가 높아지며, 냉장고에서 냉각된 초콜릿이 온도 차가 많이 나는 외부로 나왔을 때도 발생하기 쉽다. 요약하자면, 슈거블룸은 물이 묻거나 습기가 높아 초콜릿이 수분을 흡수하며 미립자 상태로 분산되어 있던 설탕이 분리되어 표출되는 블룸 현상이다.

따라서 블룸 현상의 종류에 비추어 템퍼링 작업 시의 온도와 습도 등을 진단할 수 있다. 마치 불을 끈 채 떡을 썰고, 글씨를 썼던 한석봉 모자처럼 완성된 초콜릿 결과물만으로도 당시 초콜릿 제조 환경을 유추할 수 있는 것이다. 따라서 초콜릿 제조 과정에서부터 온도와 습도를 예민하게 신경을 써야 블룸 현상을 방지할 수 있다.

초콜릿 작업 중 블룸이 발생하는 경우

1. 초콜릿 작업 중 온도가 18도 이하로 내려간 상태의 가나슈를 디핑하면, 가나슈와 닿는 초콜릿 속 카카오 버터에 α 결정이 생기는 동시에 α 결정이 β' 결정으로 변하면서 열이 발생한다. 이때 발생한 열이 카카오 버터를 녹이면서 블룸 현상이 일어난다. 반대로 가나슈의 온도가 28도 이상일 경우에도 천천히 식는 서랭(徐冷) 현상이 일어나므로 초콜릿의 응결이 어려워지면서 블룸 현상이 발생한다.

2. 템퍼링 작업을 마친 초콜릿은 잘 저어서 내부 온도를 일정하게 유지해야 한다. 잘 젓지 않고 디핑을 하면 줄무늬가 생기는 블룸 현상이 발생한다.

3. 템퍼링 작업 중 작업장의 온도가 18도 이하로 내려가면 α 결정이 생기면서 블룸 현상이 발생한다.

블룸 현상을 방지하는 최고의 방법

초콜릿 속 카카오 버터에서 α 결정이 β1 결정으로 변할 때는 약 7퍼센트 정도의 수축이 일어나며, β1 결정이 β0 결정으로 변할 때는 약 8.3퍼센트의 수축이 일어난다. 이처럼 α 결정이 β0 결정으로 이행되는 과정에서 수축이 일어나면 초콜릿 표면에는 눈에 보이지 않는 미세한 균열이 생기게 된다. 그 틈으로 공기 중의 수분이 흡수되면 블룸 현상이 발생하게 된다. 또한, 초콜릿에 카카오 버터 이외의 코코넛유와 팜유, 대두유 등 지방이 많이 섞였을 때도 대부분 블룸 현상이 일어난다.

이러한 블룸 현상을 방지하기 위해 레시틴이나 슈거 에스테르와 같은 유화제를 첨가한다. 특히 시중에 유통되는 미크리오 코코아 버터(mycryo cocoa butter)를 녹인 초콜릿과 일정한 비율로 혼합하면 템퍼링을 하지 않아도 된다. 하지만 초콜릿 제조 과정이 간편하고 편리해진 만큼 초콜릿의 맛과 식감은 떨어지게 된다. 결론적으로 템퍼링 작업을 제대로 하는 것이 블룸 현상에 대한 최고의 방지법이라 할 수 있다.

초콜릿을 만들기 위한 준비물에는 어떤 것이 있을까?

초콜릿을 만들기
위한
기본 도구

얼른 생각나는 단순한 준비물 이외에도 초콜릿을 만드는 데는 많은 도구가 필요하다. 온도계와 초콜릿을 녹이는 열풍기, 예쁜 모양을 내는 모양커터 등 초콜릿 하나를 만들기 위해 적어도 20여 가지의 기본 도구가 필요하다. 이번 장에서는 초콜릿을 만들기 위해 어떤 도구가 필요한지 알아보고, 각 도구의 쓰임새와 모양을 살펴본다.

(1) 온도계

온도계는 적외선온도계와 막대온도계가 있는데, 각자 장단점이 있다.

적외선온도계는 초콜릿을 묻히지 않고 온도를 잴 수 있다는 장점이 있지만 초콜릿의 표면 온도밖에 잴 수 없어 템퍼링 등 온도에 민감한 작업을 할 때는 실제 온도와의 오차를 계산해서 써야 하는 단점이 있다. 반면 막대 끝에 센서가 달린 막대온도계는 초콜릿 속의 온도를 잴

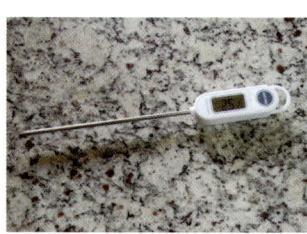

막대온도계.　　　　　　적외선온도계.

수 있지만 초콜릿 속에 직접 담가서 사용해야 한다는 단점이 있다.

(2) 볼

볼은 스테인리스 재질을 많이 쓴다. 철 성분 함유량에 따라 23종 스테인리스와 27종 스테인리스로 나뉘는데 27종이 잘 녹슬지 않아 선호하는 편이다. 스테인리스 볼은 열전도율이 높아 초콜릿을 쉽게 녹일 수 있지만 쉽게 굳어진다는 점에 유의해야 한다. 크기별로 갖춰 놓는 것이 편리하다.

스테인리스 볼.

(3) 저울

저울은 기계식과 전자식이 있는데, 전자식을 많이 사용한다. 1그램, 2그램, 5그램 단위로 나타내는 저울은 무거운 무게를 잴 때 사용하고, 0.1그램 단위나 그 이하로 나타내는 저울은 작은 무게를 잴 때 편리하므로 두 가지를 같이

쓰는 게 좋다.

(4) 굳힘틀

굳힘틀은 사진과 같이 두 가지 모양이 있는데, 초콜릿을 원하는 두께로 펴서 굳힐 때 사용한다.

(5) 스크래퍼

스크래퍼는 여러 가지의 모양과 재질, 크기가 있어 본인의 취향에 맞게 준비하면 된다. 대리석을 이용한 템퍼링 작업 시 대리석 위의 초콜릿을 긁거나 모을 때 스패튤러와 함께 사용하면 편리하다.

(6) 스패튤러

스패튤러는 일자형과 L자형이 있다. 템퍼링 작업 시 초콜릿을 모으거나 펼 때 혹은 몰드 위의 초콜릿을 긁을 때 주로 사용한다. 크기가 다양하므로 편한 것을 골라 쓰면 된다.

일자형 스패튤러.　　　L자형 스패튤러.

(7) 유산지

유산지는 초콜릿을 만들 때 바닥에 까는 일회용 기름종이다. 유산지 대신 '실리콘페이퍼'라고 부르는 실패드를 쓰기도 한다. 실패드는 값이 비싼 것이 단점이지만 일회용이 아니고 물로 세척해서 반영구적으로 사용할 수 있다.

(8) 몰드

몰드의 모양과 크기는 수없이 많다. 재질은 크게 폴리카보네이트와 플라스틱으로 나뉜다. 폴리카보네이트 몰드는 오래 쓸 수 있으며 디자인이 다양하여 전문가들이 많이 쓰고, 플라스틱 몰드는 일반인이 쓰기에 적합하다.

금속 몰드.

실리콘 몰드.

폴리카보네이트 몰드.

실리콘 몰드.

(9) 거품기

거품기는 반죽을 할 때 사용한다. 사진의 오른쪽은 거품을 내는 기계다.

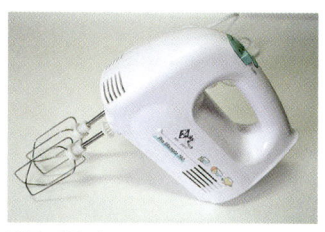

전동 거품기.

(10) 디핑 포크

디핑 포크는 만들어진 가나슈를 초콜릿으로 디핑할 때 사용한다. 가나슈의 모양과 크기, 디핑 방법에 따라 디핑 포크의 모양이나 크기를 달리하여 사용한다.

(11) 노즐

노즐은 짤주머니에 끼워서 사용하며 모양팁이라고도 부른다. 초콜릿이나 크림, 가나슈 등을 짤 때 노즐에 따라 여러 가지 모양이 만들어지므로 만들고자 하는 크기와 모양에 따라 선택하여 사용한다.

(12) 짤주머니

삼각형으로 만들어진 짤주머니는 가나슈 등을 몰드에 짜거나 만들어진 초콜릿에 문양을 넣을 때 사용한다.

(13) 고무주걱

초콜릿을 젓거나 재료를 쓸어 모을 때 등 여러 용도로 사용할 수 있으며, 모양과 크기가 다양하다.

(14) 칼

칼은 초콜릿이나 굳힌 가나슈를 일정한 크기나 모양으로 자를 때 사용한다.

(15) 유산지컵

유산지컵은 완성된 초콜릿을 담을 때 사용하며, 크기나 색상이 다양하다.

(16) 계량컵 및 스푼

재료나 리큐어(술) 등을 초콜릿에 혼합할 때 양을 측정하는 데 쓴다.

(17) 동냄비

동냄비는 열전도율이 균일하여 생크림 등을 끓일 때 사용하며, 세균의 번식을 억제할 수 있다.

(18) 체

체는 초콜릿을 만들 때 사용하는 여러 가지 가루를 곱게 내리기 위해 사용한다. 가루 형태의 재료는 반드시 체에 쳐서 사용하도록 한다.

(19) 밀대

밀대는 마지팬 등 반죽한 것을 평평하게 펼 때 사용한다.

(20) 열풍기

열풍기는 초콜릿 도구를 닦거나 녹일 때 사용하며, 토치는 대리석 등을 닦을 때 사용하면 편리하다.

(21) 모양커터

모양커터는 초콜릿 판이나 마지팬 판 등에 찍어 다양한 모양을 낼 때 사용한다.

이밖에도 초콜릿을 만들기 위해서는 많은 도구나 기구가 필요하지만, 나머지 소도구들은 점차 공부하면서 알아가도록 한다.

초콜릿과
온도

초콜릿을 만들 때 가장 민감하고 중요한 사항은 무엇일까? 바로 온도다. 초콜릿의 식감을 높여주는 템퍼링은 온도 조절을 통해 카카오 버터의 크리스털화를 이루는 작업이며, 곰팡이가 핀 것처럼 하얀 무늬가 생기는 블룸 현상이 일어나는 원인도 대부분 온도 때문이다. 따라서 초콜릿의 온도와 작업장의 온도는 물론이거니와 완성된 초콜릿을 보관할 때의 온도도 초콜릿의 질을 결정하고 유지하는 데 있어 아주 민감하고 중요한 부분이다. 때문에 쇼콜라티에는 늘 온도에 민감해야 한다.

초콜릿의 온도

템퍼링 작업의 가장 마지막 단계에서 카카오 버터의 크리스털화를 결정하는 온도는 약 30~32도이다. 따라서 초콜릿 가공 중의 마지막 초콜릿의 온도를 30~32도로 유지하는 것이 가장 바람직하며 중요하다. 이 온도를 잘 유지하면 아름다운 광택과 더불어 스냅성을 겸비한 고급 초콜

릿으로 탄생할 수 있다.

반면에 템퍼링 작업 과정 중 가장 낮은 온도에 해당하는 26~28도나 혹은 이보다 낮은 온도로 초콜릿의 마지막 온도가 유지된다면 완성된 초콜릿의 품질을 보장할 수 없게 된다.

작업장의 온도(실내온도)

템퍼링을 마친 초콜릿이 단단히 굳어서 아름다운 광택을 내는 초콜릿으로 탄생하기 위해서는 초콜릿과 작업장의 온도 차가 10~13도가 바람직하다. 템퍼링 작업의 마지막 초콜릿 온도가 30~32도였던 점을 고려하면, 실내온도는 약 20도가 적당하다.

초콜릿과 작업장의 온도 차가 10도 이하면 완성된 초콜릿의 색깔이 탁하거나 선명하지 않을 수 있다. 또한, 초콜릿을 만든 뒤 시간이 흐를수록 흰색의 무늬를 띠는 팻블룸 현상이 나타날 가능성이 높아진다. 달리 말해 이러한 현상

은 초콜릿이 제대로 굳는 데 필요한 온도 차가 잘 유지되지 않았다는 증거이기도 한 셈이다.

특히 사계절이 뚜렷한 우리나라에서는 여름과 겨울에 초콜릿을 만들기가 결코 녹록치 않다. 겨울철에는 실내온도를 감안하여 초콜릿을 가능한 한 높은 온도에서 작업해야 한다. 잠깐 냉장고를 사용하는 것은 좋지만 응결수가 생기지 않도록 각별히 유의해야 한다. 이처럼 각 계절에 따라 초콜릿과 작업장의 온도 조건을 적절하게 다룰 줄 아는 능력도 쇼콜라티에가 갖춰야 할 기량 중 하나다.

가나슈의 온도

템퍼링된 초콜릿이 온도에 상당히 민감하게 반응한다는 사실은 누차 강조해왔다. 판 초콜릿과 같이 초콜릿만으로 이루어지는 초콜릿은 앞서 살펴본 바와 같이 초콜릿과 작업장 온도에만 영향을 받으므로 두 가지 온도를 잘 유지하는 게 관건이다. 그러나 속에 내용물을 채우는 봉봉 초콜릿은 앞의 두 가지 요소에 내용물인 가나슈의 온도까지 예민하게 신경을 써야 하는 삼중고를 겪게 된다.

가나슈의 온도가 실온보다 낮을 경우에는 덮어씌우는 초콜릿 안쪽의 온도가 상당히 차가워진다. 이때 급격한 온도 차로 카카오 버터가 쇼크를 받아 광택이 나빠지며 뿌옇게 굳어질 수 있다. 따라서 봉봉 초콜릿의 경우 가나슈의 온도 또한 초콜릿의 퀄리티를 좌우하는 큰 요인이 된다. 가나슈의 온도를 결정하기는 어렵지만, 실온보다는 높고 템퍼링된 초콜릿보다는 낮은 온도가 가장 이상적이라 할 수 있다. 실제로 초콜릿을 만들다 보면 가나슈의 굳기 정도를 이용해야 하는 경우가 생기므로 작업 가능한 온도 가운데 가장 낮은 온도에서 가나슈를 만드는 게 바람직하다.

카카오 버터의 온도 반응

봉봉 초콜릿을 만들 때는 템퍼링 작업을 거친 뒤 마지막으로 적정 온도를 잘 유지해야 하는 응고 과정이 남는다. 이때 봉봉 초콜릿의 내부와 외부를 같은 온도와 같은 속도로 굳히는 게 가장 이상적이다. 하지만 앞서 언급하였듯 봉봉 초콜릿은 가나슈라는 큰 변수가 작용하기 때문에 가나슈 온도에 따라 완성된 봉봉 초콜릿의 품질이 현격히 달라질 수 있다.

가나슈의 온도가 실내 온도보다 낮으면 봉봉 초콜릿의 내부가 먼저 굳게 되는데, 이때 카카오 버터가 쇼크를 받으며 응고 속도가 빨라지게 된다. 따라서 광택을 형성하는 카카오 버터막이 표면에 생기지 않게 되어 광택이 나빠지며 뿌옇게 굳어진다. 반대로 가나슈의 온도가 실내 온도보다 높으면 봉봉 초콜릿의 외부가 먼저 굳게 되어 광택에 필요한 카카오 버터막이 생성되므로 고품격의 봉봉 초콜릿을 만들 수 있다.

또한 초콜릿과 실내의 온도 차가 적으면 응고 속도가 느려져 응고 시간이 길어진다. 그럴 경우 카카오 버터가 필요 이상으로 떠버려 두꺼운 카카오 버터막이 형성되고, 초콜릿 표면 색깔이 백색에 가까워지는 블룸 현상이 일어나게 된다. 따라서 마지막으로 초콜릿을 응고시키는 과정에서는 초콜릿과 실내의 온도 차를 약 10~13도가량으로 유지하는 게 바람직하다.

가나슈
만들기

각자 개발한 레시피에서부터 인터넷과 서적 등의 각종 자료를 통한 레시피까지 수백 종에 이르는 다양한 가나슈가 우리의 미각을 자극하며 유혹한다. 초콜릿을 기본으로 생크림과 버터, 우유 등을 첨가한 가나슈는 녹차나 호박, 바나나 등 여러 가지 재료를 접목하여 봉봉 초콜릿이나 프티 가토 등 다양한 양과자를 통해 새

밀크 가나슈.

로운 초콜릿 맛을 선사한다. 따라서 초콜릿과 생크림의 혼합 비율, 또는 첨가 재료의 종류와 비율에 따라 수백 가지의 가나슈가 만들어지는데, 이처럼 수많은 종류의 가나슈 레시피가 사실은 기본 공식의 틀에서 거의 벗어나지 않는다는 비밀을 공개하고자 한다.

가나슈 레시피의 비밀 열쇠는 바로 화이트 가나슈와 밀크 가나슈 두 가지에 있다. 두 가지의 공식만 알고 있으면 대부분의 가나슈 레시피를 접목할 수 있으며, 나아가 자신만의 가나슈 레시피를 개발할 수도 있다. 아래쪽 표는 이해

를 돕기 위해 두 가지 공식을 도표화한 것이다.

표를 정리하자면, 200그램을 기준으로 했을 때 생크림의 비율에 차이가 있다. 만들고자 하는 가나슈의 양이 달라질 경우에도 그 비율은 화이트 가나슈의 경우 200:66으로, 밀크 가나슈의 경우 200:77로 환산하면 된다. 예를 들어 화이트 초콜릿 1킬로그램으로 가나슈를 만들고자 한다면, 생크림을 330그램 섞은 뒤 첨가되는 재료의 가루를 3그램 기준으로 넣어 색깔과 맛을 맞추면 된다.

또한 이 공식은 여러 가지 몰드 초콜릿을 한꺼번에 만들 때도 편리하다. 몰드마다 약간의 차이는 있지만, 대략 몰드 한 판에 150그램 정도의 가나슈가 들어가므로 이 공식을 참고하면 유용하다. 하지만 이 공식은 자기만의 초콜릿을 만들고 싶거나 급히 가나슈를 만들 때는 편리하지만, 기존의 종류별 레시피가 있다면 그에 먼저 충실해야 한다는 점을 명심하기 바란다.

	화이트 가나슈	밀크 가나슈 (밀크 + 다크)
1. 기본 레시피	화이트 초콜릿 200그램, 생크림 66그램	밀크 초콜릿 200그램, 생크림 77그램
2. 첨가 재료	가루(녹차, 호박 등)	생질(바나나, 생강 등)
3. 맛에 따라	부드러운 맛의 첨가 재료	강한 맛의 첨가 재료

초콜릿
보관

초콜릿은 온도에 예민하므로 제조 공정에서의 초콜릿과 작업장의 온도는 물론 보관 시 온도도 품질에 아주 큰 영향을 미친다. 초콜릿을 보관하는 온도는 15~20도로 일정하게 유지해주는 게 좋다. 온도 변화가 너무 심하면 카카오 버터 성분이 녹아 팻블룸 현상이나 슈거블룸 현상이 나타난다. 이런 현상은 초콜릿이 녹으면 다시 사라지고 맛과 품질에는 영향을 끼치지 않는 표면적 현상이지만, 초콜릿의 식감을 떨어뜨리는 요인이 되므로 될 수 있으면 급격한 온도 변화를 삼가는 게 좋다. 또한 직사광선을 피하고 습도가 약 50퍼센트 이하인 곳이 초콜릿을 보관하기에 알맞다.

화이트 초콜릿의 경우는 다크 초콜릿보다 온도에 더욱 민감하여 직사광선에 몇 시간만 노출되어도 금세 맛과 향이 변질된다. 하지만 뜨거운 날씨라 하더라도 에어컨이 있는 실내에서는 굳이 냉장고에 보관할 필요가 없다. 그러나 무더운 여름에 에어컨과 같은 냉각장치가 없어 부득이하게 냉장 보관해야 할 경우에는 초콜릿이 주변의 냄새를 흡수하는 성질이 있으므로 반드시 밀폐용기에 넣어서 보관해야 한다. 냉장고에서 초콜릿을 꺼냈을 때는 뚜껑을 바로 열지 말고 4시간가량 실온에 적응할 시간을 두는 게 좋

다. 그렇지 않을 경우 온도 차에 의한 습기가 초콜릿 표면에 생기면서 입안에서 부드럽게 녹는 것을 방해하기 때문에 식감이 저하될 수 있다.

최적의 환경에서라면 다크 초콜릿은 12~18개월, 밀크 초콜릿은 10~12개월, 화이트 초콜릿은 6~8개월, 코팅 초콜릿은 10개월 정도 보관이 가능하다. 또한, 앞서 언급했듯이 초콜릿의 고유한 향은 주변의 다른 냄새에 영향을 받기 때문에 냄새가 강한 것을 피하고 밀폐용기에 넣어 보관해야 한다. 마찬가지 이유로 판형 초콜릿은 알루미늄 종이에 싸서 보관하는 게 좋다.

보관 조건에 신경을 쓰지 않으려면 초콜릿을 빨리 먹어버리는 것이 가장 쉽고 좋은 방법이다. 특히 가나슈나 크림 버터 또는 버터가 들어있는 초콜릿의 경우는 빨리 먹는 것이 좋다. 그러나 한 번에 몽땅 먹어버리기에 너무나 아쉬운 초콜릿이 있다면 그 맛과 향을 잘 유지할 수 있도록 온도와 습기, 직사광선에 유의하며 보관을 잘 하도록 한다.

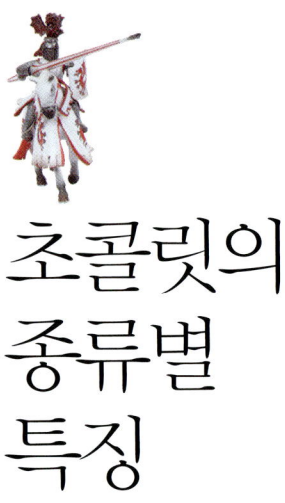

초콜릿의
종류별
특징

이번 장에서는 초콜릿의 종류별 특징 및 주요 성분을 분석해볼까 한다. 여기에 초콜릿을 만들 때 느꼈던 개인적인 소견도 함께 곁들였다.

우리가 살펴볼 초콜릿은 벨코라도(Belcolado)와 오씨지 카카오(OCG Cacao), 카카오바리(Cacao Barry), 펠크린(Felchlin), 발로나(Valrhona) 그리고 바리칼리바우트(Barry Callebaut) 등의 여섯 가지다.

벨코라도(Belcolado)

벨기에가 원산지인 벨코라도는 카카오 매스 45.8퍼센트, 카카오 버터 9.9퍼센트 함량의 다크 초콜릿이며 코인과 블록 모두 수입된다. 바닐라 향이 카카오바리보다 좀 더 강하고, 녹였을 때 약간 걸쭉한 느낌이 든다. 화이트 초콜릿은 가나슈를 만들 때 사용하면 좋다.

* 벨코라도
  – 누아르 셀렉션
  주요성분(카카오 매스 45.8퍼센트, 카카오 버터 9.9퍼센트, 설탕, 레시틴)

포장단위(5킬로그램 · 20킬로그램 코인, 2.5킬로그램 블록)
  – 레 셀렉션
  주요성분(카카오 매스 10.9퍼센트, 카카오 버터 24.7퍼센트, 설탕, 레시틴, 전지분유 21.8퍼센트)
  포장단위(5킬로그램 · 20킬로그램 코인, 2.5킬로그램 블록)
  – 블랑 셀렉션
  주요성분(카카오 버터 30퍼센트, 설탕, 레시틴, 전지분유 25퍼센트)
  포장단위(5킬로그램 · 20킬로그램 코인, 2.5킬로그램 블록)

오씨지 카카오(OCG cacao)

벨기에가 원산지인 오씨지 카카오는 카카오 매스 42.9퍼센트, 카카오 버터 15.1퍼센트 함량의 다크 초콜릿이며 블록만 수입된다.

카카오 매스와 카카오 버터 등 카카오 함량이 비교적 높아 성형 시 다른 초콜릿보다 더 많이 저어주어야 좋

은 광택의 초콜릿을 얻을 수 있다. 2010년 '카길'로 변경
되었다.

* 오씨지 카카오

　– 노와르

　주요성분(카카오 매스 42.9퍼센트, 카카오 버터 15.1퍼
센트, 설탕, 레시틴, 바닐라)

　포장단위(2.5킬로그램 블록)

　– 락테 에킬리브르

　주요성분(카카오 매스 10.98퍼센트, 카카오 버터 24.51
퍼센트, 전지분유, 설탕, 레시틴)

　포장단위(2.5킬로그램 블록)

　– 블랑 에킬리브르

　주요성분(카카오 버터 30퍼센트, 전지분유, 레시틴)

　포장단위(2.5킬로그램 블록)

카카오바리(Cacao Barry)

　　　　　원산지가 프랑스인 카카오바리는
카카오 매스 40.5퍼센트, 카카오 버
터 14.4퍼센트 함량의 다크 초콜릿이
며 블록만 수입된다. 벨코라도나 오이씨 카카오의 화이트
초콜릿에는 전지분유가 들어가는 반면, 카카오바리의 화
이트 초콜릿에는 탈지분유가 함유된다. 녹였을 때 조금 뻑
뻑한 느낌이 난다.

* 카카오바리

　– 엑스트라 비터 구아야킬

　주요성분(카카오 매스 52퍼센트, 카카오 버터 12퍼센
트, 설탕, 레시틴, 바닐라)

　포장단위(5킬로그램 코인)

　– 엑셀랑스

　주요성분(카카오 매스 40.5퍼센트, 카카오 버터 14.4퍼
센트, 설탕, 레시틴, 바닐라)

　포장단위(2.5킬로그램 블록)

　– 락테 페이버릿

　주요성분(카카오 매스 12.3퍼센트, 카카오 버터 22.2퍼
센트, 전지분유 19.4퍼센트, 설탕, 레시틴)

　포장단위(2.5킬로그램 블록)

　– 블랑 사탱

　주요성분(카카오 버터 30.5퍼센트, 설탕, 탈지분유, 유
지방, 레시틴, 바닐라)

　포장단위(2.5킬로그램 블록)

펠크린(Felchlin)

　　　　　원산지가 스위스인 펠크린은 카
카오 매스 35퍼센트, 카카오 버터
16퍼센트 함량의 다크 초콜릿이며 블록과 코인 모두 수입
된다. 다른 초콜릿은 포장단위가 2.5킬로그램인 반면 펠
크린은 2킬로그램이며, 다른 초콜릿에 비해 단맛이 강한
특징이 있다.

* 펠클린

　– 펠코 다크 엑스트라 파인

　주요성분(카카오 매스 36퍼센트, 카카오 버터 16퍼센
트, 설탕, 레시틴, 바닐라)

　포장단위(2킬로그램 블록 · 코인)

　– 암브

　주요성분(카카오 매스 13퍼센트, 카카오 버터 25퍼센
트, 설탕, 탈지분유, 레시틴 바닐라, 몰트 진액 분말)

　포장단위(2킬로그램 블록 · 코인)

– 에델바이스 화이트 엑스트라 파인

주요성분(카카오 버터 33퍼센트, 설탕, 전지분유, 탈지
분유, 레시틴, 맥아분말, 바닐라, 캐러멜 크림향)

포장단위(2킬로그램 블록 · 코인)

발로나(Valrhona)

프랑스가 원산지인 발로나는
카카오 함량이 67퍼센트로 표기
되어 있다. 발로나의 포장단위는 다른 초콜릿과 달리 코인
은 3킬로그램, 블록은 1킬로그램으로 나뉘는데, 3킬로그
램 포장은 페브로 되어 있다.

발로나의 밀크 초콜릿은 다른 초콜릿에 비해 덜 달고 맛
있는 편이다.

– 엑스트라 아메르 67퍼센트

주요성분(카카오 함량 67.5퍼센트, 설탕 32퍼센트, 유
지분 36퍼센트)

포장단위(3킬로그램 코인, 1킬로그램 블록)

– 에콰토리알 55퍼센트

주요성분(카카오 함량 55.5퍼센트, 설탕 44퍼센트, 유
지분 37퍼센트)

포장단위(3킬로그램 코인, 1킬로그램 블록)

– 지바라 락테

주요성분(카카오 함량 40.5퍼센트, 설탕 34퍼센트, 유지
분 40.5퍼센트, 우유 23.5퍼센트)

포장단위(3킬로그램 코인, 1킬로그램 블록)

– 에콰토리얼 락테

주요성분(카카오 함량 35퍼센트, 설탕 44퍼센트, 유지
분 37퍼센트, 우유 20퍼센트)

포장단위(3킬로그램 코인, 1킬로그램 블록)

– 이보아르

주요성분(카카오 함량 35퍼센트, 설탕 43퍼센트, 유지
분 40.5퍼센트, 우유 21.5퍼센트)

포장단위(3킬로그램 코인, 1킬로그램 블록)

바리칼리바우트(Barry Callebaut)

바리칼리바우트
는 1996년 벨기에 초
콜릿 제조사인 칼리바우트와 프랑스 초콜릿 제조사인 카
카오바리가 함께 설립한 새로운 회사다.

초콜릿 가공 제조 기술과 마케팅에 능한 칼리바우트와
코코아 원두 가공의 고급 노하우를 가진 카카오바리의 각
기 다른 장점이 하나로 합쳐져 시너지 효과를 불러일으켰
다. 그 결과, 2002년 바리칼리바우트는 독일의 스톨웍그
룹을 인수하였다.

– 다크 초콜릿 811

주요성분(카카오 매스 43.81퍼센트, 카카오 버터 11.8퍼
센트, 설탕, 레시틴, 바닐라)

포장단위(2.5킬로그램 코인)

– 밀크 초콜릿 823

주요성분(카카오 매스 11.3퍼센트, 카카오 버터 23.8퍼
센트, 설탕, 전지분유, 레시틴, 바닐라)

포장단위(2.5킬로그램 코인)

– 화이트커버춰

주요성분(카카오 버터 29.7퍼센트, 설탕, 전지분유, 레
시틴, 바닐라)

포장단위(2.5킬로그램 코인)

향과 맛을 돋우는 리퀴드의 종류

초콜릿을 만들 때 초콜릿 특유의 향 이외에 특정한 향이나 맛을 돋우기 위해 여러 가지 식재료를 첨가하게 된다. 그중 브랜디(Brandy)나 럼(Rum) 혹은 리큐어(Liqueur)를 많이 사용한다. 일반적으로 쓰이는 브랜디와 럼, 리큐어의 개괄적인 설명과 더불어 초콜릿 제조 시 가장 많이 사용되는 리퀴드를 간추려 소개한다.

브랜디

브랜디(Brandy)는 과실을 원료로 발효·증류한 술로 최소 도수가 35~40도이다. 브랜디의 이름은 체리브렌디, 사과브랜디처럼 원료의 과실명을 그대로 붙여 부른다. 흔히 브랜디를 '코냑'(Cognac)이라고 부르는데, 코냑은 프랑스 코냑 지방에서 처음 만들어진 술로, 이 브랜디가 워낙 유명하다 보니 브랜디의 대명사로 쓰이게 된 것이다.

코냑과 마찬가지로 프랑스 아르마냑 지방에서 만들어지는 아르마냑(Armagnac) 또한 세계적으로 유명한 브랜디 중 하나라 할 수 있다. 브랜디의 숙성기간은 2~8년 정도이며, 물을 섞지 않은 원액 상태로 마시거나 리큐어 같은 다른 증류수를 섞어 마시는 경우가 대부분이다.

럼

럼(Rum)은 럼주라고도 한다. 로버트 루이스 스티븐슨의 소설 〈보물섬〉을 통해 알 수 있듯 일명 '해적의 술', '태양의 술'이라고도 불릴 정도로 선원들에게 지독한 사랑을 받는 술이었다. 럼은 적도 부근의 열대지방인 서인도제도에서 풍부하게 생산되는 사탕수수에서 설탕 결정을 분리하고 남은 찌꺼기 당밀을 발효시켜 증류한 술로 도수는 최소 40도이다.

럼의 기원은 16세기 서인도제도 푸에르토리코에 건너간 스페인인 포세이레온이 만들었다는 설과 17세기 카리브해 알바도스로 이주한 영국인이 만들었다는 설로 나뉜다. 숙성 과정에 따라 흰색이나 황갈색을 띠며, 코코넛 주스나 라임 주스, 파인애플 주스 혹은 콜라와 같은 음료와 섞어 마시는 게 일반적이다.

리큐어

리큐어(Liqueur)는 증류주에 초근목피 등 식물과 과실, 씨앗과 같은 재료와 설탕·향료 등 당분을 더하여 향과 맛, 색을 낸 혼성주를 일컫는다. 국어 표기법상으로는 리큐어가 올바른 표현이지만 주세법에는 리큐르라는 용어를 사용하므로 두 단어가 같은 뜻임을 알아둘 필요가 있다. 우리 책에서는 리큐어로 통일하겠다.

리큐어는 '녹이다'라는 뜻을 가진 라틴어 리케페세르(Liquefacere)에 어원을 두고 있으며, 오늘날 리큐어를 부르는 명칭은 나라마다 조금씩 다르다. 독일에서는 리코르(Likor), 미국과 영국에서는 코디알(Cordial)과 리큐르(Liqueur)라고 함께 사용한다. 미국에서는 인공적인 향을 사용할 때는 '인공의'라는 뜻을 가진 아티피셜(Artificial)이라는 단어와 함께 써서 코디알이라 하며, 천연향을 사용하여 만들 때에는 리큐르라 한다. 프랑스에서는 알코올 도수가 15퍼센트 이상이고 원액 성분이 20퍼센트 이상이어야 리퀘르(Liqueur)라 하며, 원액 성분이 40퍼센트 이상이면 크렘(Creme)이라고 부른다.

우리나라도 예부터 가정에서 다양한 종류의 리큐어를 만들어왔다고 볼 수 있다. 인삼이나 더덕, 마늘, 모과, 포도 등 다양한 약재와 과일을 소주에 담가 먹었는데, 이것도 리큐어의 하나라 볼 수 있다.

단 음식을 좋아하는 서양 사람들의 취향에 따라 브랜디나 위스키에 꿀이나 향료를 섞어 먹은 게 리큐어의 시초라고 알려져 있다. 따라서 당분을 첨가하여 만드는 리큐어의 종류는 무궁무진하다. 대표적인 리큐어로 크렘드 카카오와 아이리시 벨벳, 트리플 섹, 깔루아, 페퍼민트, 슬로 진 등을 꼽을 수 있다.

그랑 마니에르 – 리큐어

1827년부터 생산되기 시작한 그랑 마니에르(grand Marnier)는 오렌지 껍질을 증류하여 만든 퀴라소(curacao) 계열의 리큐어 중 최고급에 속한다. 퀴라소는 카리브해의 한 섬인 베네수엘라 큐라소에서 생산되는 쓴맛이 강한 오렌지 껍질을 브랜디에 첨가한 것을 말한다. 그랑 마니에르는 3~4년 숙성한 코냑에 오렌지 껍질을 가미한 골든브라운 색상의 프랑스산 혼성주로, 오렌지 향과 단맛이 강한 것이 특징이다.

바카디151 – 럼

바카디(Bacardi)는 1830년 스페인에서 쿠바로 건너온 돈파쿤드 바카디의 이름을 딴 상표다. 1862년 중고 증류소를 매수하여 럼 제조를 시작한 돈파쿤드 바카디는 자극이 강한 럼을 연구하여 무색의 소프트한 럼을 만드는 데 성공했다. 이로써 세계 처음으로 라이트 럼이 생산되기 시작했다.

바카디라는 상호 뒤에 붙은 151은 알코올 체감 도수를 뜻한다. 우리나라에 정식으로 수입되는 증류주 중 가장 강한 도수를 자랑하는 바카디는 75.5도로, 알코올 체감 도수인 프루프(Proof)는 알코올 도수의 2배 값이므로 151이 된다.

말리부 – 럼

1980년 스코틀랜드에서 시판되기 시작한 말리부(Malibu)는 바베이도스에서 생산되는 천연 코코넛 추출물로 만든 럼이다. 그랑 마니에르처럼 처음에는 퀴라소에 럼과 코코넛을 더한 과일 증류주로 만들어져 바텐더들이 피나콜라다라는 칵테일을 만들 때 사용했다. 말리부의 알코올 함량은 21퍼센트로 병은 흰색이지만 실제 술은 무색이며 코코넛이 절묘하게 조화되어 상당히 부드러운 향미를 지니고 있다.

깔루아 – 리큐어

깔루아(Kahrua)는 멕시코산 최고급 원두커피와 사탕수수를 원료로 한 커피 리큐어다. 주정인 럼에 아라비카

종 커피 에센스를 첨가하여 커피 향과 맛이 난다. 알코올 함량은 25퍼센트이다.

깔루아라는 이름은 '커피'를 뜻하는 아라비아어다. 깔루아는 칵테일 베이스로 자주 쓰이는데, 깔루아에 우유를 섞으면 깔루아 밀크(Kahlua Milk), 보드카와 섞으면 블랙러시안(Black Russian), 보드카와 우유를 섞으면 화이트러시안(White Russian)이 된다. 칵테일뿐만 아니라 각종 요리의 재료로도 많이 활용되며 아이스크림이나 빵, 초콜릿에 커피 향과 맛을 낼 때도 많이 쓰인다.

베일리스 – 리큐어

베일리스(Baileys)는 아이리시 위스키에 아이리시 크림과 벨기에산 초콜릿이 첨가된 세계 최초의 크림 리큐어다. 1971년부터 4년 동안의 연구 끝에 위스키와 크림을 섞는 방식을 개발했으며, 1974년부터 아일랜드에서 생산되어 아일랜드 리큐르(Ireland Liqueur) 혹은 베일리스 아이리시 크림(Baileys Irish Cream)이라고도 불린다. 알코올 도수는 17도로 낮은 편이며, 바닐라 크림과 캐러멜 등이 주원료의 반 이상을 차지해서 상하기 쉬우므로 보관에 각별히 주의해야 한다.

꾸엥뜨로 – 리큐어

꾸엥뜨로(Cointreau)는 오렌지 껍질로 만든 무색의 프랑스산 리큐어로, 앞서 언급한 그랑 마니에르와 어깨를 나란히 하는 최고급 화이트 퀴라소다. 일명 오렌지술이라

불리는 꾸엥뜨로의 알코올 함유량은 40퍼센트로, 1849년 아돌프 꾸엥뜨로(Adolphe Cointreau)에 의해 프랑스에서 만들어지기 시작했다. 꾸엥뜨로와 오렌지술의 차이점은 스위트 오렌지와 비터 오렌지 과피의 밸런스라고 할 수 있다. 꾸엥뜨로는 브랜디와 달달한 오렌지를 증류한 것과 물과 쌉쌀한 오렌지 과피를 증류한 것을 합친 다음 기타 첨가물을 더해 만들어지므로 깊은 단맛을 지니게 된다.

트리플 섹 – 리큐어

트리플 섹(Triple Sec)은 퀴라소 섬의 변종 발렌시아 오렌지인 라라하(Laraha) 오렌지를 이용해 세 번 증류한 리큐어다. 트리플 섹은 오렌지 이외에도 파인애플과 라임 향의 제품도 만들고 있으며, 색은 거의 무색에 가깝지만 오렌지 향과 단맛 덕분에 칵테일과 각종 요리에 쓰인다. '섹'(sec)은 일반적으로 '무미건조'(dry)를 뜻하는 말이지만, 트리플 섹의 섹(sec)은 세 번 '증류'(distilled)했다는 의미를 갖는다. 주정이 브랜디와 코냑이므로 알코올 함유량은 30퍼센트에 해당한다.

키르슈 – 브랜디

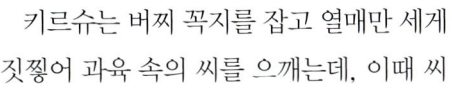

키르슈(Kirsch)는 키르슈바서(Kirsch wasser)라고도 한다. 독일어로 키르슈는 '버찌'를, 바서는 '물'을 뜻한다. 프랑스 알자스와 동부 지역인 프랑슈콩테, 독일의 남서부 산림지대인 블랙포리스트 그리고 스위스가 키르슈의 명산지이다.

키르슈는 버찌 꼭지를 잡고 열매만 세게 짓찧어 과육 속의 씨를 으깨는데, 이때 씨에서 인(仁) 성분이 터져 나와 키르슈 특유의 아몬드 향기가 만들어진다. 으깬 버찌를 발효시킨 후 2~3개월 밀봉

한 채 저장하면서 에스테르가 생기기를 기다리는 동시에 버찌에서 아몬드 향이 충분히 삼출되어 구식증류기인 포트스틸로 증류하면 키르슈가 완성된다. 이 술은 숙성도에 따라 품질을 평가하며, 무색투명한 것을 상품으로 친다.

그레나딘- 시럽

그레나딘 시럽은 당밀에 석류를 첨가하여 만든 석류 시럽으로 무알코올이다. 칵테일을 만들 때 가장 많이 쓰는 과일 시럽으로 바카디(Bacardi)나 핑크 레이디(Pink Lady), 데킬라 선라이즈(Tequila Sunrise), 셜리 템플(Shirley Temple) 등에 쓰이면서 붉은색으로 칵테일의 색을 돋보이게 하거나 석류향의 단맛으로 칵테일의 향미를 증진시키는 역할을 한다. 가정에서 그레나딘 시럽을 만들고자 할 때는 씨를 제거한 석류를 믹서에 간 다음 꿀을 넣고 약한 불에 잘 저으면서 졸이면 된다. 그레나딘 시럽을 보관할 때는 냉장 보관은 삼가야 한다. 시럽에 녹아 있던 설탕 성분이 응고되어 병 바닥에 깔릴 수 있기 때문이다.

초콜릿 레시피

4장

카카오의 배유(cacao nibs), 즉 씨앗 속에서 발아하기 위한 양분을 저장하고 있는 알맹이(배젖)를 닙스라 부르는데, 우리가 먹는 초콜릿이 바로 이 닙스를 가공한 것이다.

이제 본격적으로 다양한 종류의 초콜릿을 직접 만들어보자. 이번 장에는 생초콜릿과 블랙, 파베, 단델리온, 하바나, 아망드, 몰드 초콜릿, 화이트 트러플, 피스타치오, 누가, 스튜던트하버, 캐러멜 초콜릿, 그리고 한국초콜릿연구소의 독보적인 기술력으로 성취한 포토이미지 초콜릿 등 13가지의 초콜릿 레시피가 수록되어 있다.

1. 생초콜릿

생초콜릿은 첨가되는 자료를 최소화하여 말 그대로 초콜릿 본연의 맛을 가장 잘 느낄 수 있는 초콜릿이다.

생초콜릿 50개(1개당 15그램)

〈재료〉

다크 초콜릿 500그램

생크림 250그램

럼주 15그램

카카오가루 약간

〈만드는 법〉

1. 500그램의 다크 초콜릿을 그릇에 담아 중탕법으로 녹인다.

2. 생크림을 동냄비에 넣고 가장자리만 끓어오를 정도로 끓인다. 끓인 생크림을 잘 저은 후 온도를 대략 섭씨 45도로 맞춘다.

3. 생크림을 끓이는 가장 큰 이유는 살균이며, 또 다른 이유는 초콜릿과 잘 섞이도록 하기 위해서다.

4. 다크 초콜릿에 끓인 생크림을 조금씩 부어가면서 섞어준다.

TIP 이때 생크림 온도가 너무 높으면(약 60도 이상) 생초콜릿이 완성되었을 때 초콜릿 속에 덩어리가 질 수 있다. 마찬가지로 초콜릿을 녹인 온도가 너무 높아도(약 60도 이상) 비슷한 결과가 생긴다. 반대로 생크림 온도가 너무 낮거나 생초콜릿을 오래 보관하면 설탕이 분리되어 모래가 씹히는 듯한 식감이 나타날 수 있으므로 항상 온도에 유의해야 한다.

---

5. 점점 굳어지다가 생크림과 다크 초콜릿이 섞이면서 다시 묽어진다.

6. 생크림과 다크 초콜릿이 충분히 잘 섞인 뒤에 럼주를 넣고 생크림과 마찬가지로 조금씩 부어가면서 섞어준다.

7. 만들어진 생초콜릿을 사각 틀에 부어 위를 평평하게 잘 긁은 뒤 굳힌다.

8. 6시간 정도 지나면 사각 틀을 잘 떼어낸 뒤 미지근하게 불에 달군 칼을 이용해서 정해진 크기대로 초콜릿을 자른다.

9. 잘린 초콜릿을 카카오가루 통에 넣고 잘 흔들어 골고루 묻힌 다음 집게로 꺼낸다. 코코아가루는 반드시 체에 쳐서 사용해야 한다.

2. 블랙(Black)

세계 최초로 한국초콜릿연구소에서 개발한 초콜릿으로, 초콜릿에 대한 고정관념을 깨고 구워서 만든 제품이다.

어느 해인가 밸런타인데이를 겨냥한 초콜릿을 준비하면서 생크림이 섞여서 원재료로 다시 사용할 수 없는 초콜릿이 매우 많이 남았다. 연구소 사람들끼리 여기에 코코아 파우더를 묻혀 해치우던 도중 누군가 '이 정도 양이면 오븐에 구워도 되겠다'며 초콜릿을 구워보자는 제안을 했다. 호기심이 동해서 실제로 구워보니 상상 그 이상의 맛이었다. 마치 남미에서 먹었던 Raw 초콜릿처럼 카카오 특유의 씁쓸하면서도 그윽한 오리지널 향이 느껴지는 초콜릿으로 탈바꿈되어 있었던 것이다. 우리는 그 초콜릿을 분해하여 원료를 역추적하는 방식으로 분석한 끝에 마침내 이 초콜릿의 레시피를 고정화할 수 있었고, 금으로 문양을 입혀 우리만의 초콜릿으로 상품화하였다.

구워보자는 제안을 했던 이유는 초콜릿 안에 마지팬이 함유되어 있었기 때문이다. 아몬드와 설탕을 갈아 만든 마지팬은 오래되면 푸석푸석해지는 성질을 갖고 있는데, 이 식감을 줄이기 위해 오븐에 구워보자는 제안을 했던 것. 그런데 오븐에 구워지는 동안 파우더가 버터에 녹아 들어가다 보니 초콜릿 특유의 향이 되살아나게 되었다. 또한 버터가 얇게 굳어지며 표면이 촉촉하게 젖어들었다. 카카오 버터는 여섯 개의 분자구조로 이루어져 있어 녹는점의 분포가 19~38도로 넓다. 따라서 녹는 느낌이 물과는 다른데, 표면이 마른 것처럼 보여도 예상과 다른 촉촉한 느낌의 식감이 우리를 사로잡는다.

오븐에 구웠기 때문에 검은색을 띠는 이 초콜릿을 우리는 '블랙'(Black)이라고 이름을 붙였다. 언젠가 이보다 더 어울리는 이름이 지어진다면 언제든 바꿀 계획이다.

블랙이 처음 출시되던 날, 한 스태프가 'Blck'으로 철자를 잘못 적는 실수를 저질렀는데, 어느 외국인이 이 초콜릿을 열심히 카메라로 찍더니 내게 인터뷰를 요청하였다. 'Blck'이 무엇을 뜻하느냐는 질문에 순간적으로 당황하여 얼렁뚱땅 말을 만들었는데, 지금은 어떤 말을 했는지 기억도 나지 않는다. 그런데 그로부터 2~3년이 흐른 뒤에 그 사람이 세계 여러 나라를 돌아다니며 음식을 소개하는 푸드 칼럼니스트라는 것을 알게 되었다. 바로 대한민국에 3,000여 년 전 마야인들이 먹었음직한 맛의 초콜릿이 존재한다는 근사한 평과 함께 미국 잡지에 우리의 'Blck'이 실렸기 때문이다.

지금은 정확히 'Black'이라고 표기하여 판매 중인 이 초콜릿은 호불호가 확실히 갈린다. 카카오 특유의 쓴맛과 향 때문에 카카오 매스가 98퍼센트 함유된 클래식 초콜릿을 좋아하는 사람은 상당히 좋아하지만, 달달한 초콜릿을 좋아하는 이들에게는 그다지 인기가 없다.

블랙 75개(1개당 15그램)

〈재료〉

마지팬 525그램

오렌지 다진 것 175그램

꾸엥뜨로 35그램

다진 호두 · 다진 아몬드 85그램씩

다크 초콜릿 180그램

카카오 가루 · 금(gold) 디핑용

마지팬이란? 아몬드 분말과 설탕을 1:1 또는 1:2로 섞은 것을 말한다.

〈재료〉

아이싱 슈거 250그램, 달걀 흰자 3개, 소금 4분의 1 티스푼, 바닐라 향 4티스푼,

아몬드 가루 500그램

〈마지팬 만드는 법〉

1. 달걀 흰자를 휘저어서 거품을 낸다.

2. 거품이 어느 정도 단단한 모양이 되면 소금과 바닐라, 아몬드를 순서대로 넣는다.

3. 설탕은 한 컵씩 붓고 휘젓기를 반복하는데, 총 3컵만 붓는다.

4. 재료가 섞인 것을 반죽하면서 남은 설탕은 체에 담아 뿌려준다. 이때 반죽이 너무 끈적거리지 않도록 조절한다.

〈블랙 만드는 법〉

1. 다크 초콜릿을 그릇에 담아 중탕법으로 녹인다.

2. 마지팬을 잘게 잘라 다진 아몬드와 다진 호두, 다진 오렌지, 꾸엥뜨로 그리고 다크 초콜릿을 넣고 잘 섞이도록 반죽하여 15그램 크기로 잘라놓는다. 반죽할 때 카카오 가루를 적당히 넣어서 맛을 조절할 수도 있다.

3. 카카오 가루를 체에 쳐서 그릇에 담아둔다.

4. 잘라놓은 초콜릿을 손으로 동그랗게 굴려서 카카오 가루가 들어있는 통에 넣고 흔들어 카카오 가루를 반죽 표면에 잘 묻힌다. 이때 카카오 가루가 잘 묻도록 충분히 반죽을 해줘야 한다. 손으로 동그랗게 굴렸을 때 사진처럼 부드러운 질감을 얻을 수 있으며 먹었을 때 식감이 좋아진다.

5. 카카오 가루가 묻은 초콜릿을 초콜릿 컵지에 올려 오븐에 살짝 구워낸다. 오븐 온도는 약 66도이며, 반죽 겉에 묻은 카카오 가루가 충분히 젖어들 만큼 약 30분가량 구워낸다. 온도가 높거나 시간이 길면 초콜릿이 녹아 흘러내릴 수 있으므로 시간과 온도에 주의해야 한다.

6. 충분히 구워졌으면 오븐에서 꺼내 금가루로 위를 장식한다.

3. 파베(Pave)

파베 초콜릿은 '벽돌'을 의미하는 프랑스어 '파베'(pave)에서 유래되었다. 1895년 프랑스 샹베리에서 루이스 듀푸(Louis Dufour)가 생크림과 바닐라, 코코아 가루 등을 혼합하여 만든 초콜릿이다. 프랑스어로 트루프 언 쇼콜라(Truffe en Chocolat)로 불리며, 프랑스에서는 성탄절 선물로 많이 쓰인다.

파베 70개(1개당 14그램)

〈재료〉

밀크 초콜릿 · 다크 초콜릿 300그램씩

카카오 버터 112그램

통 아몬드 175그램

피스타치오 105그램

호두 77그램

계피 약간(1그램)

술(럼) 12그램

전사지 70장

다크 초콜릿 1킬로그램(디핑)

〈만드는 법〉

1. 통아몬드와 피스타치오, 호두를 곱게 분쇄기에 갈아둔다. 너트류는 기름이 많이 나와 한꺼번에 많이 갈면 엉겨서 잘 갈아지지 않으므로 조금씩 덜어서 갈도록 한다.

2. 카카오 버터를 오븐에 살짝 녹여둔다.

3. 밀크 초콜릿과 다크 초콜릿을 섞어 중탕법으로 녹인다.

4. 녹인 초콜릿에 카카오 버터를 조금씩 넣어가며 잘 섞어준다.

5. 카카오 버터를 섞은 초콜릿에 갈아놓은 너트 가루와 계피가루를 넣어서 반죽한다.

6. 반죽한 초콜릿을 사각 틀에 넣고 방망이를 이용 일정한 두께로 펴서 굳힌다. (30×20센티미터)

7. 잘 굳으면 정해진 크기로(가로×세로 약 2.5센티미터 정도) 자른다. 이때 칼을 손등에 닿았을 때 따끈할 정도의 온도로 살짝 불에 달궈 사용하면 초콜릿이 달라붙지 않는다.

8. 잘린 초콜릿을 템퍼링한 다크 초콜릿으로 디핑한다. 밀크 초콜릿이나 화이트 초콜릿으로 가나슈를 만들었을 때는 75퍼센트 다크 초콜릿으로 디핑해주면 좋다.

9. 디핑한 초콜릿이 굳기 전에 미리 잘라놓은 전사지를 위에 얹어 붙여준다. 전사지를 손으로 살짝 만졌을 때 까칠한 부분이 초콜릿에 닿도록 붙인다. 전사지를 붙일 때는 사방 끝을 잘 눌러줘야 하며 뒤집어 붙이지 않도록 주의한다.

10. 초콜릿이 충분히 굳으면 전사지를 떼어내는데, 굳어서 전사된 모양이 있는 부분은 손대지 않는 것이 좋다. 더운 날에는 손에 묻어날 수도 있으니 특히 주의한다.

TIP 전사지가 없을 경우 짤주머니를 이용하여 템퍼링된 초콜릿으로 문양을 내도 좋다. 이때 짤주머니 구멍은 작을수록 좋다. 디핑 포크를 이용하여 초콜릿이 굳기 전에 살짝 묻혔다 떼는 방법으로 사선 등의 문양을 내줘도 좋다.

4. 단델리온(Dandelion)

'민들레'를 뜻하는 '단델리온(Dandelion)'은, 일반적으로 재료에 따라 이름을 짓는 것과 달리 초콜릿의 겉모양을 연상시키도록 이름을 짓는다. 철망에 놓고 굴려 겉이 삐죽삐죽한 단델리온은 외국에도 이와 비슷한 종류의 초콜릿이 있지만, 우리는 우리 방식에 맞게 레시피를 조금 수정하였으므로 동일한 초콜릿이라 보기 힘들다. 레시피를 수정하는 이유는 외국과 다른 우리나라의 기후에 알맞은 초콜릿 레시피가 필요하기 때문이다. 온도의 영향을 덜 받게 하기 위해 가공 버터의 양을 줄인다거나 생크림의 양을 조절하는 등 잘 녹는 요소를 제하고, 빠진 요소를 보강하기 위해 다른 재료를 첨가한다. 따라서 울퉁불퉁한 겉모양은 비슷할지라도 가나슈가 다르므로 전혀 다른 맛을 내게 되는 것이다.

단델리온은 비교적 만들기 쉽고, 달콤한 초콜릿에 속한다. 본 레시피에는 화이트 초콜릿이 들어가 단맛이 강한 편이지만 우리는 그런 요소를 다 빼고 아몬드와 설탕을 반죽한 마지팬과 다크 초콜릿 그리고 아몬드의 느끼함을 잡아주는 상큼한 오렌지가 들어가 새콤달콤한 향을 더해준다.

단델리온 50개(1개당 14그램)

〈재료〉

다크 초콜릿 200그램
밀크 초콜릿 50그램
생크림 · 아몬드 분태 100그램씩
오렌지 필(다진 것) 30그램
꾸엥뜨로 약간

〈만드는 법〉

1. 다크 초콜릿과 밀크 초콜릿을 잘 섞어준다. 이때 밀크 초콜릿의 양을 늘리면 맛이 달아지지만, 그 양을 늘려도 무방하다.

2. 끓인 생크림을 넣고 잘 저어주면서 섞는다.

3. 오렌지 필과 아몬드 분태를 넣고 잘 섞어준다.

4. 꾸엥뜨로를 적당히 부어 잘 섞어주고, 사진과 같이 반죽이 되면 서늘한 곳에서 굳힌다. 오렌지 향의 리큐어인 꾸엥뜨로 대신 레몬 리큐어를 사용하면 이와는 또 다른 분위기의 초콜릿이 완성된다.

5. 손으로 반죽하기 좋을 만큼 굳으면 약 10그램 정도의 크기로 잘라 손으로 동그랗게 굴려 놓는다.

6. 템퍼링된 다크 초콜릿에 디핑한 뒤 그림과 같이 철망 위에 올려놓는다.

7. 올려놓은 초콜릿이 어느 정도 굳을 때쯤 디핑 포크로 살살 굴려서 겉면에 무늬를 낸다. 이때 적당히 굳지 않은 상태에서 굴리면 무늬가 나오지 않으며 가나슈에 묻은 초콜릿이 벗겨지므로 주의한다.

8. 완전히 굳으면 만들어진 초콜릿을 철망에서 떼어낸다. 철망 크기나 모양에 따라 다른 무늬의 초콜릿을 만들 수 있으며, 초콜릿이 잘 떨어지지 않을 경우 철망을 뒤로 돌려 손가락으로 살살 밀어준다. 초콜릿이 너무 두껍게 디핑되면 초콜릿이 철사를 안고 굳어 잘 떨어지지 않는데, 억지로 떼어내면 초콜릿이 벗겨질 수 있으므로 주의한다.

5. 하바나

쿠바의 수도인 하바나는 야자수가 있는 휴양지인데, 초콜릿의 모양이 하바나를 연상케 한다고 해서 이런 이름이 붙었다. 외국에서는 이와 똑같은 제품을 마차 바퀴 같다고 해서 '벤허'라고 부른다. 하지만 그런 연관성이 전혀 없어 보여 이름을 바꿔야겠다고 고민하던 차에 이 초콜릿을 접사 촬영한 사진에서 뒤편에 있던 크리스마스트리가 희미하게 배경처럼 나온 것을 발견하였다. 그러자 섬에 야자수가 한 그루 삐쭉 서 있는 게 연상되면서, 은행을 털어 하바나로 도망친 영화 속 주인공이 잘 먹고 잘살았다는 스토리와 이미지가 떠올랐다. 그래서 이 초콜릿의 이름은 하바나가 되었다. 초콜릿 위에 올라가는 통호두가 마치 섬의 잔디처럼 보이는 하바나는 '맛있는 순위'에서 늘 2, 3등을 기록하는 초콜릿 중 하나다.

레시피도 벤허와 조금 다르다. 본래 레시피에서는 화이트 초콜릿으로 디핑을 한다. 하지만 화이트 초콜릿은 카카오 매스를 포함하고 있지 않아 일부에서는 초콜릿이 아니라고 말하는 사람도 있다. 이 때문에 우리는 화이트 초콜릿 대신 다크 초콜릿으로 디핑을 하고, 주재료도 다크 초콜릿과 밀크 초콜릿을 사용한다.

하바나 70개(1개당 15그램)

〈재료〉

생크림 300그램
다크 초콜릿 · 밀크 초콜릿 400그램씩
마지팬 150그램
호두 반쪽짜리 70개
술(럼) 10그램
다크 초콜릿 1킬로그램(디핑)

〈만드는 법〉

1. 밀크 초콜릿과 다크 초콜릿을 섞어서 그릇에 담고 중탕으로 녹인 뒤 잘 저어준다.

2. 생크림을 동냄비에 넣고 가장자리만 끓어오를 정도로 끓인 다음 잘 저어서 온도를 대략 45도로 맞춘다. 생초콜릿을 끓이는 가장 큰 이유는 살균이며, 다음 이유는 초콜릿과 잘 섞이게 하기 위해서다.

3. 다크 초콜릿과 밀크 초콜릿이 잘 섞인 그릇에 끓인 생크림을 조금씩 부어가면서 섞어준다. 두 초콜릿이 섞이며 점점 굳어지다가 생크림과 초콜릿이 섞이면서 다시 묽어진다.

4. 다시 럼주를 조금씩 넣어가면서 섞어준다. 개인 취향에 따라 럼주의 양과 종류를 조절해도 좋다. 여기서 우리가 사용하는 럼주는 바카디(75도)이다.

5. 마지팬을 얇게 펴서 동전 크기로 동그랗게 70개 잘라 놓는다. 사진과 같이 유산지로 덮어서 마지팬을 밀면 붙지 않고 잘 밀어진다. 동전 크기로 자를 때는 슈거 파우더를 사용하면 붙지 않고 잘 떨어진다.

6. 반쪽짜리 호두 70개를 모양을 잘 골라 오븐에 타지 않게 구운 다음 식힌다.

7. 만들어놓은 가나슈를 짤주머니에 넣고 어느 정도 굳으면 잘라놓은 마지팬 위에 종 모양으로 짠 다음 그 위에 구워놓은 호두를 올려 모양을 내서 완전히 굳힌다. 사진과 같이 짤주머니에 초콜릿 가나슈를 담을 때 컵을 이용하면 편하다. 짤주머니에 담은 다음에는 뒤를 완전히 밀봉해줘야 초콜릿이 위로 새어나오지 않는다.

8. 완전히 굳어지면 템퍼링된 다크 초콜릿으로 디핑한다. 디핑포크로 건져 올린 후 잘 쳐서 공기를 완전히 빼도록 한다. 디핑포크로 초콜릿을 건져 올릴 때는 사진과 같이 3분의 2 정도만 걸치면 바닥에 놓을 때 편하다.

9. 디핑한 초콜릿이 완전히 굳으면 짤주머니를 이용하여 템퍼링된 밀크 초콜릿이나 화이트 초콜릿으로 무늬를 내도 좋다. 이때 짤주머니의 구멍은 작을수록 좋다.

6. 아망드(Amande)

아망드는 '플로랑탱 아망드'(Florentin Amande), 즉 '피렌체의 아몬드'를 뜻한다. 피렌체 왕족이 프랑스로 시집가면서 전파된 레시피다.

아망드(아몬드 1킬로그램당 2킬로그램)

〈재료〉

통아몬드 200그램
물 12그램
설탕 40그램
버터 20그램
다크 초콜릿 500그램
코코아 가루 약간

〈만드는 법〉

1. 아몬드를 오븐에 잘 구워둔다. 이 작업은 너트 내의 수분을 줄이고 잡냄새를 없애며 너트의 향을 살리기 위해 반드시 필요하다. 200도에서 약 20분 정도 구워준다. 오븐이 없으면 전자레인지를 이용해도 괜찮다.

2. 물과 설탕을 동냄비에 넣고 끓인다. 이때 거품기 등으로 저으면 안 되고, 동냄비를 들어 살짝 돌려주는 정도로 약하게 저어야 한다.

3. 물과 설탕이 끓어오르면 아몬드를 넣고 계속 잘 저어준다. 처음엔 아몬드 표면에 하얗게 설탕 결정이 붙다가 계속해서 저어주면 윤기가 나는데, 그때까지 타지 않게 잘 저어줘야 한다.

4. 캐러멜화가 잘 되면 불에서 내려 버터를 넣고 다시 잘 저은 다음 실리콘패드 등에 펼쳐 식힌다. 이때 아몬드가 서로 붙지 않게 잘 떼어주어야 한다. 버터는 반드시 무염 버터를 쓴다.

5. 충분히 식은 뒤에 아몬드를 볼에 담고 템퍼링된 초콜릿을 조금 부어 골고루 섞는다.

6. 어느 정도 아몬드에 초콜릿이 묻어서 굳어지면 다시 초콜릿을 붓고 섞는다. 이 공정을 최소한 7번 이상 해주는데, 9번 정도 해주는 것이 가장 좋다. 작업 중에 아몬드가 서로 붙지 않게 주걱으로 잘 저어준다.

7. 마지막에 카카오 가루를 묻혀준다. 이때 카카오 가루는 반드시 체로 쳐서 사용한다.

7. 몰드 초콜릿

부드러운 가나슈를 먹기 위해 만들어진 초콜릿 중 하나다. 몰드를 이용하는 것은 가장 전통적이고 기초적인 방법이지만, 가장 어려운 초콜릿 제조법이기도 하다. 사용하는 몰드의 모양에 따라 초콜릿 모양이 정해지고, 어떤 가나슈를 쓰느냐에 따라 그 종류가 한없이 많아지기도 한다. 가나슈는 3장에서 설명한 바와 같이 만두 속에 들어가는 만두소와 같은 역할을 한다. 가나슈를 100퍼센트 디핑하거나 초콜릿으로 컵을 만들어 그 속에 가나슈를 붓는 등 우리나라에는 '가나슈의 비밀'이라는 약 3,000여 가지의 가나슈 레시피가 존재한다. 그러나 여기서는 몰드 모양이나 가나슈 종류와 관계없이 몰드 초콜릿을 만드는 공통적인 부분만 다루기로 한다. 다시 말하면 재료의 종류와 용량만 조금씩 다를 뿐 몰드 초콜릿의 기본 골자는 동일하다.

가나슈의 재료는 무수히 많지만, 생질 가나슈의 재료는 주원료를 뺀 생크림과 너트류, 바나나, 생강, 녹차 등 다섯 가지가 거의 전부였다. 우리 연구소는 경기도농업기술원과 협력하여 가공하지 않은 농수산물을 그대로 익히거나 굽는 방법으로 초콜릿을 만들기 위해 오랜 기간 연구를 한 끝에 여러 가지 생질 가나슈를 사용한 몰드 초콜릿을 개발했다. 그 종류는 감자와 고구마, 인삼, 홍삼, 도라지, 더덕 등의 뿌리와 당귀, 시금치, 마늘, 생강, 고추냉이, 호박, 매실 등의 풀을 사용한 초콜릿이 있다. 우리 농산물로 만들어 몸에 좋은 이 초콜릿은 효도상품으로서의 상품 가치가 높다. 해안지방에는 다시마 초콜릿이, 내륙지방에는 과일과 홍삼 초콜릿이 지역 특산품으로 자리 잡고 있다.

〈만드는 법〉

1. 템퍼링한 다크 초콜릿으로 몰드 속을 채운 뒤 스크래퍼로 위를 잘 긁어낸다.

2. 몰드를 손상시키지 않는 고무망치나 바이브레이션 기계로 몰드 아래를 살살 두드려 초콜릿 속에 들어있는 공기를 빼낸다.

3. 공기가 충분히 빠지면 2~3분간 상온에서 굳힌다.

4. 2~3분간 굳힌 몰드를 거꾸로 뒤집어 초콜릿을 쏟아낸다. 이때 몰드 내벽에 묻어 있는 초콜릿을 긁어내지 않도록 한다.

5. 몰드가 뒤집어져 있는 상태에서 스크래퍼로 몰드 윗면을 긁어 흘러나온 초콜릿을 깨끗하게 정리한 뒤 그 상태로 완전히 굳힌다.

6. 완전히 굳은 몰드 속을 미리 만들어놓은 가나슈로 채운다. 이때 너무 작게 채우거나 넘치게 채우지 않는 것이 좋다. 너무 작게 채우면 상대적으로 초콜릿 벽이 두꺼워져 먹기 불편해지고, 너무 많이 채우면 나중에 다크 초콜릿으로 디핑할 수 없다. 몰드 윗면에서 1밀리미터 정도를 남기고 채우는 게 가장 좋다.

7. 다 채운 몰드는 속에 채운 가나슈를 완전히 굳힌다.

8. 가나슈가 완전히 굳으면 템퍼링된 초콜릿을 다시 몰드 위에 붓고 스크래퍼를 이용하여 윗면을 깨끗하게 긁어낸다. 그렇지 않으면 나중에 몰드에서 초콜릿끼리 서로 붙어 상품성이 없어진다.

9. 완전히 굳으면 몰드를 뒤집어 초콜릿을 빼낸다. 이때 수건 등을 밑에 깔고 빼는 것이 좋다. 그러면 초콜릿이 떨어질 때의 파손이나 초콜릿끼리 부딪쳐 생기는 흠집을 막을 수 있다.

10. 몰드를 밑에서 봤을 때 흰색으로 보이면 초콜릿이 잘 굳어 몰드에서 완전히 분리된 것을 의미한다. 만약 흰색 부분이 보이지 않는다면 좀 더 굳힌 후 초콜릿을 몰드에서 분리한다.

TIP 사용한 몰드를 물로 닦는 것은 바람직하지 않다. 부드러운 융이나 솜을 이용해서 잘 닦아내야 하며 부득이하게 물로 닦았을 경우에는 물기를 잘 닦은 후 보관하도록 한다.

8. 화이트 트러플

앞에서도 설명했듯이 봉봉 초콜릿은 '한입에 먹을 수 있는 초콜릿'이란 뜻을 가진 프랑스어 '봉봉 오 쇼콜라'(bonbon o chocolat)에서 따온 이름이다. 울퉁불퉁한 겉모습이 마치 못생긴 송로버섯과 닮았다고 해서 '트러플'(Truffle, 송로버섯)이라고도 표현한다.

같은 레시피로 만든 초콜릿이라 하더라도 만드는 사람마다 그 이름을 달리하는 경우가 많다. 지금 만들고자 하는 초콜릿은 버터 트러플, 아몬드 트러플, 로맨틱코코라고 불리며, 우리는 화이트 트러플이라 정의한다. 보통 가나슈로 사용되는 대표적인 재료에 따라 이름을 붙인다.

화이트 트러플 70개(1개당 14그램)

〈재료〉

화이트 초콜릿 420그램
무염 버터 · 생크림 150그램씩
아몬드 슬라이스 적당량
다크 초콜릿 1킬로그램(디핑)
바닐라 빈 1개

〈만드는 법〉

1. 420그램의 화이트 초콜릿을 그릇에 담아 중탕으로 녹인다.

2. 생크림을 바닐라 빈과 함께 동냄비에 넣고 가장자리만 끓어오를 정도로 끓인 뒤 불을 끈다. 냄비에서 바닐라 빈을 꺼내 세로로 가른 뒤 씨를 긁어내 끓인 생크림과 잘 섞어준다.

3. 화이트 초콜릿에 끓인 생크림을 조금씩 부어가면서 섞어준다. 화이트 초콜릿과 섞을 생크림 온도는 40~45도가 적당하다.

4. 점점 굳어지다가 생크림과 화이트 초콜릿이 섞이면서 다시 묽어진다. 4번~7번 공정은 주걱보다는 거품기를 이용하는 것이 좋다.

5. 버터를 그릇에 넣고 거품기로 약간의 포말 상태가 될 때까지 잘 저어준다. 포말은 버터에 공기를 넣는 작업인데, 이 작업이 잘 되어야 나중에 식감이 부드러워진다. 이때 반드시 무염 버터를 사용해야 한다.

6. 버터에 생크림이 섞인 화이트 초콜릿을 조금씩 넣어가면서 잘 섞어준다.

7. 화이트 초콜릿이 실온에서 조금씩 굳어질 때 짤주머니에 넣고 미리 정한 모양으로 재빨리 짠다. 그렇지 않으면 짜는 동안에 버터가 녹아서 흘러나와 나중에 짠 가나슈는 촉촉함이 없어지고 빨리 건조해진다. 10그램 정도의 동일한 크기로 짜낸 화이트 초콜릿은 실온에서 하루 정도 굳히는 것이 좋다.

8. 슬라이스해놓은 아몬드를 오븐에 넣어 타지 않게 구워놓는다.

9. 구워놓은 아몬드를 가볍게 손으로 쥐어서 너무 작지 않은 적당한 크기로 부숴놓는다. 사방 5~6밀리미터 정도의 크기가 적당하다.

10. 잘 굳은 화이트 가나슈를 템퍼링된 다크 초콜릿에 디핑한 후 아몬드 위에 떨어뜨려 잘 굴려가면서 모양을 낸 뒤 완전히 굳을 때까지 기다린다.

9. 피스타치오(Pistachio)

피스타치오(pistachio)는 달걀과 같은 타원형으로 노란색과 초록색을 띠며 얇은 나무 껍질에 싸여 있다. 날것으로 먹거나 아이스크림의 재료로 사용되는데, 피스타치오를 주원료로 한 초콜릿은 프랑스인들이 가장 좋아하는 초콜릿으로 꼽힌다. 잘 만들어진 초콜릿은 입안에 넣었을 때 피스타치오 향이 가득 전해진다.

피스타치오 - 70개(1개당 13그램)

〈재료〉

마지팬 1,150그램

피스타치오 페이스트 70그램

피스타치오 140그램

꾸엥뜨로 15그램

다크 초콜릿 1킬로그램(디핑)

〈만드는 법〉

1. 피스타치오를 분쇄기에 넣고 아주 곱게 갈면 기름이 나와 반죽이 될 수 있으므로 적당히 큼직한 크기로 갈아둔다. 분쇄기가 없으면 칼로 잘게 다져도 좋다.
2. 마지팬과 피스타치오 페이스트, 갈아둔 피스타치오 그리고 꾸엥뜨로를 넣고 잘 섞이도록 반죽한다.

TIP 반죽할 때 피스타치오에서 기름이 흘러나오는데 유산지 등을 이용해서 기름을 충분히 빼주는 것이 좋다. 마찬가지로 피스타치오 페이스트를 쓸 때도 되도록 기름을 분리해서 써야 한다.그렇지 않으면 나중에 초콜릿을 디핑했을 때 디핑한 초콜릿 막을 깨고 기름이 흘러나올 수 있다.

---

3. 반죽한 것을 10그램 정도로 자른 다음 지름 2.5센티미터 정도의 원형으로 만들어 살짝 굳힌다.
4. 굳힌 반죽을 다크 초콜릿에 디핑하고 굳힌 다음 짤주머니로 문양을 낸다. 굳기 전에 초콜릿 위에다 초록색의 피스타치오 가루를 한 줄로 뿌려 장식을 해줘도 좋다. 짤주머니 구멍은 최대한 작게 내서 사용하는 게 보기에 좋다. 디핑포크로 디핑할 때는 아래 사진처럼 공기 방울이 없어지도록 초콜릿을 씌운 후 디핑포크로 잘 저어줘야 한다.

10. 누가 초콜릿 (nougat chocolate)

누가(nougat)는 설탕과 꿀 혹은 시럽에 말린 과일이나 볶은 견과류를 달걀흰자와 섞어 만든 캔디류로 초콜릿 등 달콤한 디저트에 자주 사용된다. 초콜릿 디핑을 하지 않고 누가만 먹어도 가능하지만, 단맛이 매우 강하다.

캔디는 설탕 결정체를 형성하여 만든 것과 설탕 결정체가 형성되지 않도록 만든 것의 두 종류가 있다. 결정이 생기지 않도록 하기 위해서는 설탕 외에 꿀이나 콘시럽을 많이 넣으면 된다. 누가를 만드는 방법은 레시피마다 약간의 차이가 있지만, 끓이는 온도 이외에는 거의 비슷하다. 설탕이 굳으면서 젓기가 힘들어질 수 있으므로 누가 초콜릿을 만들 때는 가급적 전동거품기로 재빨리 섞어주는 게 좋다.

**누가 초콜릿 – 120개
(1개당 15그램)**

〈재료〉

생크림 · 꿀 · 슬라이스 아몬드 390그램씩
물엿 · 오렌지 필 · 레몬 필 130그램씩
캔디드 체리 65그램
(캔디드 체리는 비가로 체리를 탈색시킨
뒤 설탕에 절인 것이다.
캔디드 체리가 없을 경우에는 병체리를
잘게 잘라 생크림과 꿀, 물엿을 끓일 때
같이 끓여주면 된다.)

〈만드는 법〉

1. 슬라이스 아몬드를 오븐에 타지 않게 구워놓고 캔디드 체리를 잘게 잘라놓는다.

2. 동냄비에 생크림과 꿀, 물엿을 넣고 123도까지 끓인다.

3. 내용물이 끓으면 오렌지필과 레몬필, 캔디드 체리, 슬라이스 아몬드를 넣고 잘 저어준다.

4. 불에서 내려 내용물이 식으면 사각 틀에 펴서 굳힌다.

5. 완전히 굳으면 2.5센티미터 정도로 잘라 템퍼링된 다크 초콜릿(혹은 밀크 초콜릿)에 디핑하여 모양을 낸다. 누가 초콜릿은 윗면을 제외하고 밑면과 옆면만 디핑하는 방법을 많이 쓴다.

허니 누가

〈재료〉

생크림 280그램

꿀 520그램

물엿 70그램

슬라이스 아몬드 350그램

〈만드는 법〉

1. 슬라이스 아몬드를 오븐에 타지 않게 구워놓는다.

2. 동냄비에 생크림과 꿀, 물엿을 넣고 118도까지 끓인다.

3. 동냄비에 슬라이스 아몬드를 넣고 잘 저어준다.

4. 내용물이 뭉칠 정도로 식으면 사각 틀에 넣고 굳힌다.

5. 굳으면 2.5센티미터 크기로 잘라 템퍼링한 초콜릿으로 디핑하여 모양을 낸다.
이때 마름모꼴로 잘라도 예쁘다.

몽테리마 누가

〈재료〉

꿀 · 설탕 300그램씩

달걀흰자 · 물엿 80그램씩

물 100그램

헤이즐넛 · 통아몬드 130그램씩

피스타치오 · 캔디드 체리 60그램씩

〈만드는 법〉

1. 볼에 흰자와 꿀을 넣고 60도 정도로 가열한다.
2. 믹서로 돌려 거품을 70퍼센트까지 올린다.
3. 동냄비에 설탕과 물엿을 넣고 147도까지 끓인 후 거품을 만들어놓은 그릇에 조금씩 부어가면서 잘 섞은 후 다시 불 위에 올려 온도를 약간씩 올려준다. 이때 숟가락으로 반죽을 약간 떠서 물에 담가 풀어지지 않을 때까지 온도를 올린다.
4. 알맞게 되직해지면 너트류를 넣고 잘 섞어준다. 체리는 제일 마지막에 넣는다.
5. 슈거파우더를 바닥에 뿌리고 굳힘틀을 이용해서 하루 정도 굳혀준다.
6. 완전히 굳으면 2.5센티미터 정도로 자른 뒤 템퍼링된 초콜릿에 디핑하여 모양을 낸다.

11. 스튜던트하버(Studenthaver)

'학생들이 먹는 밥'이라는 뜻의 이 초콜릿은 뇌 발달에 좋은 견과류를 듬뿍 넣어 집 중력과 기억력 향상에 도움이 되므로 시험기간에 아이들에게 만들어주면 좋다.

스튜던트하버

〈재료〉

초콜릿(다크, 밀크, 화이트, 어느 것이든 좋다) 적당량
견과류(아몬드, 호두, 헤이즐넛, 피스타치오, 말린 과일류 등) 적당량

〈만드는 법〉

1. 템퍼링된 초콜릿을 짤주머니를 이용하여 500원짜리 동전 크기로 짠다.

2. 동그랗게 초콜릿을 짜고 난 뒤 판을 약간 들었다 났다 하며 바닥에 쳐준다.

3. 초콜릿 위에 각종 너트류를 올려 장식한다. 이때 견과류는 무염이어야 하며 반드시 오븐에 구워서 완전히
   식힌 것을 사용한다.

12. 캐러멜 초콜릿

캐러멜이 함유된 초콜릿을 말한다.

**캐러멜 초콜릿 – 50개
(1개당 14그램)**

〈재료〉

밀크 초콜릿 · 생크림 100그램씩

다크 초콜릿 50그램

설탕 · 버터 75그램씩

〈만드는 법〉

1. 밀크 초콜릿과 다크 초콜릿을 잘게 다져 볼에 담는다.

2. 냄비에 설탕을 넣고 불에 올려 캐러멜 색이 되면 끓인 생크림을 조금씩 넣으면서 함께 섞는다.

3. 실온에 두어 부드러워진 버터를 넣어 섞는다.

4. 2, 3번을 1에 넣어 고무 주걱으로 잘 섞는다.

5. 사각 틀에 부어서 굳힌 다음 틀에서 떼어내 앞과 뒤에 다크 초콜릿으로 1차 몰딩을 한다.

6. 1차 몰딩한 초콜릿이 다시 굳으면 사각으로(2.5×2.5센티미터) 재단하여 다크 초콜릿으로 2차 몰딩한 후
디핑포크로 무늬를 낸다.

13. 포토이미지 초콜릿

디자인 초콜릿이라고도 부르는 포토이미지 초콜릿은 외국에도 있지만 우리와는 다른 방식이다. 외국의 경우 색감을 내기 위해 티타늄을 첨가하거나 전분 위에 식용 색소를 프린트하는 등 초콜릿 안에 이물질을 섞는 방법을 사용한다. 몰드를 사용하는 것이 아니므로 대량생산이 불가능하고 많이 만들수록 오히려 경제적이지 못할 뿐만 아니라 초콜릿이 모두 똑같을 수 없고 품질과 이미지의 상태가 고르지 못하다.

그러나 우리 한국초콜릿연구소에서는 세계 최초로 이물질을 첨가하지 않은 포토이미지 초콜릿을 개발했다. 그 핵심은 바로 몰드이다. 몰드를 사용하여 만드니 대량 생산이 가능할뿐더러 100퍼센트 리얼 화이트 초콜릿을 가지고 포토이미지 초콜릿을 생산할 수 있게 되었다. 비투비부터 결혼식이나 돌잔치 답례품 등으로도 인기가 좋아 상당한 매출을 올리고 있으며 외국의 여러 기업에서도 이 기술을 탐내고 있다.

또한, 포토이미지 초콜릿은 이벤트 상품으로도 가치가 높다. 〈조폭마누라〉와 〈천하장사 마돈나〉 등의 영화 시사회나 배용준·박찬호 등 유명 연예인의 결혼식에 우리 초콜릿을 협찬하기도 했다. 여기서 끝이 아니다. 프랑스와 한불수교 100주년 기념회 때도 우리의 포토이미지 초콜릿이 공식석상에서 얼굴을 드러냈고, 엘리자베스 여왕의 생일에는 영국 대사관에 납품을 하기도 했다.

〈포토이미지 초콜릿 제작과정〉

(1) 사진이나 그림을 디자인

1. 파일로 받은 사진 등을 포토숍에서 연 다음 만들고자 하는 초콜릿의 크기나 모양에 알맞게 편집한다. 이때 파일의 크기는 70픽셀 이상이 되어야 좋은 그림을 얻을 수 있으며 되도록 만들고자 하는 초콜릿과 비슷한 크기의 사진이 가장 좋다.

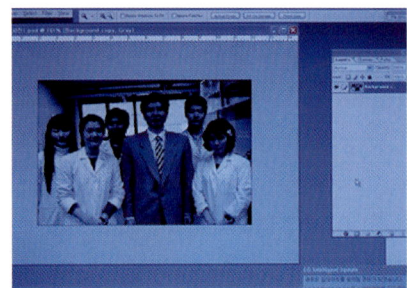

2. 큰 사진을 줄일 때는 높은 픽셀의 원본 사진을 바로 줄이는 것이 가장 선명하며, 낮은 픽셀의 사진은 만들고자 하는 크기의 유나이티드(united)를 만들어 그쪽으로 옮겨 줄이는 것이 화질이 좋다.

3. 만들고자 하는 사진이 완성되면 우선 그레이스케일(grayscale)로 바꾼 다음 콘트라스트(contrast) 조정을 하는데, 이때 실질 사진보다 약간 흐린 듯한 기분이 들 정도

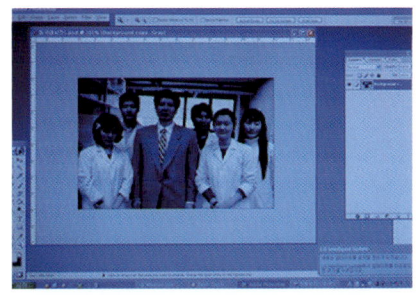

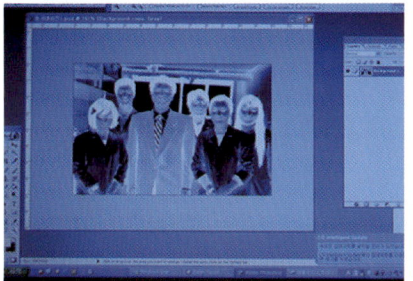

로 조절한다.

4. 조절된 이미지를 다시 미러 이미지(좌우반전)로 전환한다.

5. 마지막으로 반전시킨다.

6. 사진이 아닌 로고나 마크 등은 콘트라스트 조절을 정확하게 해준다.

7. 레이저 작업의 시간을 줄이는 방법은 반전을 시키기 전 검은색이나 작업을 하지 않는 구간의 그림을 지워버리는 것이다. 이때 포토숍에서 마술봉을 이용하면 편리하다.

8. 완성된 파일로 몰드 작업을 할 때는 시간과 파워를 조절한다. 아주 정교하게 나타내야 할 그림은 속도를 줄이고, 로고나 마크 등 단순한 그림을 작업할 때는 속도를 높여서 작업하며 파워는 작업하고자 하는 깊이에 맞춰 조절하면 된다.

TIP 현재 정교한 사진을 작업할 때는 파워 95에 속도 37을 사용하며, 단순한 그림이나 로고, 마크 등을 작업할 때는 파워 97에 속도 42로 하고 있다. 레이저 기계의 청소 상태에 따라 수치가 약간 달라진다.

---

9. 그림에 문자 등을 넣을 때는 문자 등을 따로 레이저 작업한 후 그림 작업을 하는 것이 좋다.

10. 작업이 끝난 몰드나 초콜릿을 만든 몰드는 세제를 쓰지 않고 미지근한 물로 씻어내는 것이 좋다.

11. 사진의 이미지에서 흰색이 바탕이 되거나 특히 큰 사진(사방 10센티미터 이상)의 그림에서 흰색 부분이 많으면 나중에 스크래퍼로 긁을 때 휘어지면서 걸리거나 선이 생길 수 있다. 이때는 흰색 부분 중간마다 검은 가상의 그림을 디자인해주는 것이 좋다.

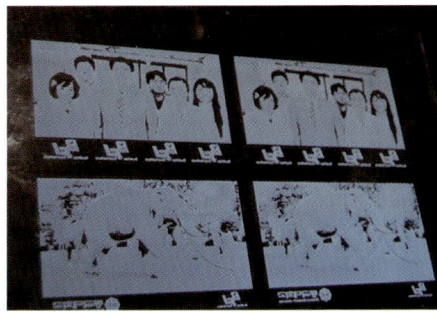 

(2) 디자인 초콜릿을 만들기 위한 템퍼링 방법

다크 초콜릿을 템퍼링할 때는 계절(온도)뿐만 아니라 작업 장소의 습도까지 고려해야 한다.

*겨울철 템퍼링 방법

1. 겨울철에는 온도보다는 상대적으로 습도가 낮아 제품 생산에 차질을 빚는다. 초콜릿 속의 온도보다는 초콜릿 겉의 온도를 재는 것이 현명하므로 적외선 방식의 온도계를 사용하는 것이 좋다.
2. 우선 45도에서 녹인 다크 초콜릿을 부을 때의 대리석 온도는 22도가 적당하며, 통 속에는 전체 양의 15퍼센트 정도 초콜릿을 남긴다. 만약 대리석 온도가 낮으면 토치 등으로 온도를 올릴 수 있다.
3. 날씨가 추울수록 템퍼링하는 초콜릿의 양을 많게 하는 것이 성공률을 올리는 방법이다. 급격한 온도 변화로 인한 초콜릿의 손상(블룸 현상)을 줄일 수 있기 때문이다.
4. 대리석 위에 초콜릿을 얇게 폈다가 다시 모아서 온도를 잴 때는 지점에 따른 온도의 편차가 없는 것이 좋다. 만약 온도의 편차가 2도 이상 날 때는 템퍼링의 성공률이 반 이하로 떨어진다.
5. 두 번째 초콜릿을 다시 대리석 위에 얇게 펼 때는 처음 폈던 면적보다 작게 펴서 작업해야 한다. 그 면적 이상이 되면 어느 부분만 초콜릿 온도가 급격히 하강하므로 템퍼링이 실패할 수 있기 때문이다.
6. 다시 모았을 때 온도는 26~27도가 적당하다. 잘 젓지 않으면 나중에 초콜릿에 기름띠가 생겨 상품성이 떨어지므로 모여진 초콜릿은 통 속에 넣고 잘 저어야 한다. 이때 온도는 28~29도를 넘지 않아야 한다.
7. 템퍼링 중에 통 안에 남은 초콜릿의 온도는 37도가 적당하다. 템퍼링 중인 초콜릿의 온도와 통 속의 초콜릿 온도가 10도 이상 차이가 나면 템퍼링에 실패하게 되며, 통 속의 온도가 36도 이하로 떨어져도 실패하게 된다.
8. 최초에 템퍼링을 시작하는 온도에 따라 통 속에 남길 초콜릿의 양을 결정한다.
9. 화이트 초콜릿은 다크 초콜릿보다 1~2도 정도 낮게 템퍼링한다.
10. 여러 번 녹였다가 굳힌 초콜릿은 유성분이 많이 빠져 완성이 돼도 광택을 잃는다. 디자인 초콜릿을 만들기에 가장 좋은 초콜릿은 2~3번쯤 녹였다가 굳힌 화이트 초콜릿이다.
11. 가끔 작업장에 물을 끓여 습도를 맞춰줘야 한다.

*여름철 템퍼링 방법

1. 여름철에 템퍼링할 때는 겨울철과 달리 초콜릿 표면 온도가 아니라 초콜릿 속의 온도를 재서 작업해야 실패를 막을 수 있다.
2. 45도 정도에서 녹은 다크 초콜릿을 붓는다. 이때 대리석 온도는 25도가 적당하며 통 속에 남기는 초콜릿의 양은 전체 양의 10퍼센트 정도가 좋다.
3. 대리석 온도가 너무 높으면 얼음물 등으로 낮출 수 있다.
4. 대리석 위에 초콜릿을 얇게 펴서 온도를 낮추는데, 폈다 모으는 동작을 너무 많이 반복하면 초콜릿 온도가 떨어지기 전에 굳어버리는 경우가 있으므로 한 번에 최대한 많이 펴서 온도를 떨어뜨려야 실패하지 않는다.
5. 선풍기나 에어컨 등 찬바람이 직접 초콜릿에 닿지 않게 해야 한다.

6. 찬바람을 맞으면 초콜릿이 건조해지고, 급격히 하강한 초콜릿 온도와 상온의 차이로 인해 물방울이 생긴다.

7. 대리석 위에서 다시 초콜릿을 모았을 때 온도는 26도가 적당하지만, 이 온도를 온전히 믿으면 안 된다. 더운 여름철일수록 온도가 떨어지는데, 초콜릿이 따뜻함을 계속 유지하는 경우가 있기 때문이다.

8. 손가락 등으로 만졌을 때 차가운 느낌이 들어야 하는데 이때 온도를 재보면 23도까지 내려가 있는 경우도 종종 있다. 특히 5~6월과 9~10월이 심하다. 여름철에 이와 같은 현상이 생기면 습도 때문이라는 결론을 내릴 수 있다. 에어컨 등으로 제습을 하고 템퍼링을 하면 이같은 현상이 많이 줄어드는 것을 볼 수 있다.

9. 대리석 위의 초콜릿을 통 속으로 넣은 뒤 잘 저어서 온도를 쟀을 때 31도를 넘지 않게 한다. 31도를 넘으면 템퍼링은 될 수 있지만 디자인 초콜릿 몰드 작업 시 다크 초콜릿이 화이트 초콜릿을 녹여서 밀고 들어가는 현상이 나타나기 때문에 제품을 생산할 수 없게 된다.

10. 화이트 초콜릿은 다크 초콜릿보다 1~2도 정도 낮게 템퍼링하되 차가운 에어컨 바람이나 선풍기 바람을 직접 맞지 않도록 주의한다. 자칫하면 다크 초콜릿보다 훨씬 빨리 건조해져서 몰드에 발랐을 때 굳기 전에 말라버리는 현상이 생긴다.

11. 템퍼링된 초콜릿으로 작업을 하고 나서 상온에서 굳히는 것은 온도가 올라갈 수 있어서 위험하므로 이때는 냉장고를 사용하는 것이 좋다. 일반 가정용 냉장고보다는 건조 방식의 냉장고를 쓰는 것이 좋다.

(3) 디자인 초콜릿 몰드 작업할 때

1. 완성된 몰드는 작업하고자 하는 초콜릿 온도와 비슷하게 한다. 날씨가 추울 때는 몰드를 데워서 작업하는 것이 좋다. 새겨진 그림의 바깥에 화이트 초콜릿을 붓고 주걱으로 한 번에 그림을 도포해야 한다. 국자 등으로 화이트 초콜릿을 퍼서 몰드로 옮길 때는 초콜릿이 흘러내린 자국이 새겨진 그림에 묻지 않게 해야 한다. 이는 완성된 제품에 하얀 띠가 생기는 원인이 된다.

2. 스크레퍼로 긁을 때는 그림에 따라 위에서 아래로, 혹은 좌에서 우로 긁을지 미리 결정해야 한다. 그림이 깊게 새겨진 몰드는 스크래퍼를 당겨서 긁어야 하고, 그렇지 않은 그림은 스크래퍼를 밀면서 긁어야 한다.

3. 2차 몰드를 맞춰 올린 다음 고정하고 다크 초콜릿을 부을 때 흰색 부분이 깊게 파인 몰드나 흰색 부분이 넓은 몰드는 바로 다크 초콜릿을 붓지 말고 화이트 초콜릿이 약간 굳은 다음에 부어야 한다. 그렇게 하지 않으면 완성된 제품에 연속된 물결 문양의 띠가 생긴다.

4. 몰드에 새겨진 전체적 그림을 읽어 스크래퍼로 긁을 때 직선이 아닌 곡선으로 긁어야 할 때가 있다. 몰드 그림에 화이트 초콜릿이 상대적으로 적게 묻을 지점에 가상의 점을 찍고, 이것을 이으며 나타나는 선을 따라 스크래퍼로 긁는데, 이때는 직선이 아니라 곡선으로 긁는 것이 좋은 제품을 만들 수 있다.

5. 그림에서 검은 부분으로 나타내야 할 부분이 지나치게 클 때는 초콜릿이 굳으면서 초콜릿과 몰드 사이에 공기의 수축에 의한 진공 상태가 된다. 간혹 몰드에서 초콜릿이 떨어지지 않는 경우가 생기는데, 이럴 때는 스크래퍼로 검게 나타낼 몰드 표면을 의도적으로 표시나지 않게 약간 흠집을 내주는 것이 좋다. 나중에 그쪽으로 공기가 드나들며 기압을 맞춰준다. 혹은 스크래퍼로 긁을 때 그쪽 부분에 약간의 화이트 초콜릿을 남겨두는 방법도 있다. 다크 초콜릿을 부었을 때 화이트 초콜릿이 표시가 안 날 정도인데, 그 부분

을 스크래퍼가 지날 때 약간 힘을 빼는 방법이다.

6. 2차 몰드를 대고 다크 초콜릿을 부을 때 흐르는 다크 초콜릿이 화이트 초콜릿이 칠해진 그림 위에 흐르지 않게 해야 한다. 완성 후에 줄 얼룩무늬의 원인이 된다. 2차 몰드에 다크 초콜릿을 부을 때는 부어야 할 양만큼 충분히 그리고 재빨리 부어준다. 두 번에 나눠서 붓거나 천천히 부을 경우 처음 부은 초콜릿과 나중에 부은 초콜릿의 온도 차이 때문에 얼룩이 지거나 디자인되지 않은 무늬가 생긴다.

7. 2차 몰드를 대고 다크 초콜릿을 부어서 스크래퍼로 긁을 때는 가운데를 조금 깊게 긁어준다. 초콜릿이 굳으면서 수축을 하는데, 가운데가 적으면 상대적으로 그쪽으로 초콜릿이 모여 모양도 평평해지고 나중에 몰드에서 분리도 잘 된다.

8. 너무 작은(사방 4센티미터 이하 두께, 3밀리미터 이하) 초콜릿은 수축량이 적어 몰드에서 분리되기 어렵다. 이때는 냉동고에서 빠른 시간에 얼려서 빼는 게 좋은데, 바깥과의 기온 차로 물이 생기기 쉽기 때문에 주의해야 한다.

초콜릿 산업과 문화

5장

초콜릿은 스토리가 곁들여진 음식이자 문화이다. 이 세상의 어떤 음식에도 뒤지지 않는 유구한 역사를 지니고 있을 뿐만 아니라, 유럽 각 나라에 전파되어 그 나라의 특색과 당시 사회환경에 맞춰 다양한 변주를 이뤄내며 발달해왔다. 또한, 국가별로 초콜릿의 역사가 모두 다를 뿐 아니라 한 나라 안에서도 각기 다른 상표를 지닌 초콜릿이 저마다의 스토리를 갖고 발달해왔다.

초콜릿 산업의
시작은
박물관에서부터

우리나라의 놀라운 경제성장을 흔히 '한강의 기적'이라 표현한다. 표현 그대로 세계 다른 나라에서 거의 유래를 찾아볼 수 없을 정도로 짧은 기간 안에 눈부신 도약을 이룬 한국인의 저력을 생각해 보면, 흰옷을 입고 흰색을 숭상한 '백의민족'이란 말이 어색할 정도로 붉은 열정과 야망을 가진 것 같다. IMF 기준으로 2012년 우리나라의 1인당 GDP는 2만 3,679 달러로, 세계 34위를 기록하고 있다.

한 국가의 국경 안에서 일정 기간 동안 생산된 총 생산액을 의미하는 국내총생산(GDP)은 한 국가의 경제수준을 나타내는 지표로 작용한다. 때문에 GDP를 활용하여 국민들의 경제적 후생 수준을 가늠하는 자료로도 활용이 가능하다. 이러한 GDP와 관련해서, 1인당 GDP가 1만 달러를 넘으면 외식사업이, 2만 달러를 넘으면 해외여행이, 3만 달러를 넘으면 초콜릿이 발달한다는 관용어가 있다. 이는 달리 말해 경제수준이 높아질수록 외식산업과 관광산업,

문화산업이 발달한다는 뜻이다.

문화와 스토리가 곁들여진 기호품

초콜릿은 스토리가 곁들여진 음식이자 문화이다. 이 세상의 어떤 음식에도 뒤지지 않는 유구한 역사를 지니고 있을 뿐만 아니라, 유럽 각 나라에 전파되어 그 나라의 특색과 당시 사회환경에 맞춰 다양한 변주를 이뤄내며 발달해왔다. 또한, 국가별로 초콜릿의 역사가 모두 다를 뿐 아니라 한 나라 안에서도 각기 다른 상표를 지닌 초콜릿이 저마다의 스토리를 갖고 발달해왔다.

이야기가 없는 초콜릿은 존재하지 않는다. 심지어 초콜릿 연간 판매량의 4분의 1을 차지하는 밸런타인데이도 일본 초콜릿 회사의 마케팅이 절묘하게 맞아떨어진 구석이 없지는 않지만, 그 기원에는 아름다운 로맨스가 자리 잡고 있다.

벨기에의 3대 초콜릿 명가 중 하나이며 세계적으로 널리 인정받는 고급 초콜릿 고디바의 유래를 잊지 않았을 것이다. 남편의 부당한 세금 착취 때문에 고통스러워하는 농민들을 위해 실오라기 하나 걸치지 않은 몸으로 마을을 돈 숭고한 여인의 이름이 바로 고디바였다. 고디바 초콜릿의 설립자 조셉 드랍스는 이러한 레이디 고디바의 정신을 기려 자신의 초콜릿에 그 여인의 이름을 붙였다고 한다.

'고디바'의 유래는 아니지만, 이와 관련된 또 다른 이야기도 전해진다. 유럽의 어느 마을에 성질이 좋지 않은 농장주가 있었는데, 그의 아내 이름이 고디바였다고 한다. 그 아내는 고디바 초콜릿을 매우 좋아했는데, 그 이유는 자신의 이름과 같은 상표였기 때문이다. 그리고 고디바 초콜릿의 유래를 알게 된 그녀는 이야기 속 레이디 고디바와 자신을 동격화하게 되었고, 초콜릿을 먹을 때만큼은 레이디 고디바가 지닌 숭고함을 자신도 함께 지닌다고 착각하며 자부심을 갖게 되었다.

물론 초콜릿의 맛이 기본적으로 뒷받침이 되어야겠지만, 고디바 초콜릿은 곁들여진 이야기만으로도 브랜드 가치가 높아질 수 있음을 잘 보여준다. '고디바 초콜릿이 세계 최고'라는 홍보마케팅에 11세기 영국의 작은 마을에 살았던 한 여인이 제 이름값을 톡톡히 치르고 있는 것이다.

한 나라의 평가기준, 초콜릿 문화

외국에서는 한 나라를 평가할 때 초콜릿 문화를 엿보기도 한다. 초콜릿 문화를 볼 수 있는 공간이 바로 초콜릿박물관이다. 따라서 초콜릿 산업의 시작도 초콜릿 박물관으로 귀결된다. 세계여행을 계획할 때는 먼저 그 도시의 궁전과 성, 미술관, 박물관, 공원, 쇼핑몰 등을 염두에 두는데, 이러한 관광명소 중에 초콜릿박물관도 심심치 않게 눈에 띈다.

우리 한국초콜릿연구소에서도 약 보름 일정으로 이비초코의 후원을 받아 영국과 프랑스, 벨기에, 독일 등 유럽 4개국을 도는 초콜릿 투어를 진행하고 있다. 이 투어 이외에도 중세유럽의 초콜릿 문화를 유지하고 있는 스페인을 추가한 패키지와 초콜릿의 고대사를 파악할 수 있는 남미 초콜릿 투어도 마련되어 있다. 이 투어에 참가하여 유럽의 핵심적인 초콜릿 박물관을 방문하면 초콜릿에 대한 역사와 이론, 또는 실습 등을 체험할 수 있다. 따라서 초콜릿 박물관 견학을 통해 초콜릿에 대한 막연한 사랑과 관심이 차츰 농익은 지식과 기술의 발판으로 탈바꿈될 수 있다.

우리는 유럽뿐만 아니라 남미, 미국 등 세계 방방곡곡의 박물관을 돌아다니며 각 박물관마다 기발한 아이디어와 불필요한 프로그램이 무엇인지 살펴보고, 한국에 초콜릿박물관을 세울 때 참고하려고 노력한다.

그 결과 일방적인 정보 제공에서 끝나는 형식에서 벗어나 관람객을 대상으로 간단한 몰드 초콜릿의 데모스트레이션과 같은 프로그

제주 초콜릿박물관.

램을 마련하여 관람객의 흥미를 유발시키고 수익까지 창출할 수 있는 자리를 마련하는 것도 좋은 방법이란 것을 깨달았다. 특히 가장 인상에 남았던 것은 초코스토리(Chocostory)라는 이름의 프랑스 초콜릿박물관이었다. 외관은 약간 초라했지만 박물관 안의 전시물이나 완성도는 가장 높았다.

박물관 내의 볼거리 이외에도 박물관 말미에 꼭 있는 기념품 숍에서 파는 상품의 수준과 종류가 매우 다양한 점도 이목을 끌었다. 한국에서는 쉽게 구할 수 없는 몰드와 서적 등이 즐비한 그곳에서 박물관 티켓 값의 몇 배에 해당하는 돈을 쓰고 왔던 그때를 생각하면 은근히 열을 받기도 하고 내심 이런 초콜릿박물관을 갖고 있는 그들이 부럽기도 했다.

만약 벨기에가 한국에서 초콜릿 사업을 하고자 한다면, 제일 먼저 우리나라의 초콜릿박물관으로 향하는 일정을 잡을 것이다. 우리나라의 대표적인 초콜릿박물관으로는 우선 제주 서귀포시에 자리한 초콜릿박물관을 꼽을 수 있을 것이다. 이 박물관은 우도에 '빨강머리 앤의 집'(Chocolate Castle by the Sea)이라는 이름의 홍보관도 마련했는데, 전 세계적으로 사랑받는 루시 모드 몽고메리의

〈빨강머리 앤〉에 나오는 그린 게이블즈의 초록지붕 집을 그대로 재현해놓았다.

홍보관은 빨강머리 앤과 관련된 각종 인형, 컵, 문구류 등 앤 마니아들을 사로잡는 상품과 함께 수제 초콜릿을 판매하고 있다. 초콜릿에 대한 이론적인 정보는 직접 서귀포시의 초콜릿박물관을 방문해야만 볼 수 있도록 말 그대로 초콜릿 제품을 홍보만 하고 있지만, 앞서 이야기한 것처럼 초콜릿과 함께 빨강머리 앤이라는 대중적인 소설의 스토리를 함께 엮어놓아 사람들의 흥미와 관심을 유도하기에는 충분하다.

서귀포에 위치한 초콜릿박물관은 전시관 구석구석에 정성이 많이 들어간 것을 느낄 수 있다. 유럽에 비해 우리나라의 초콜릿 역사는 짧지만, 결코 그에 뒤지지 않는 열정과 사랑으로 박물관까지 이루어놓은 점은 높이 살 만하다. 한 가지 아쉬운 점은 아직 제주 초콜릿박물관이 협회에 등록되어 있지 않은 상태라는 것이다.

초콜릿박물관 개관 예정

우리 한국초콜릿연구소에서도 2014년 초콜릿박물관을 개관할 예정이다. 세계의 여러 박물관을 둘러보며 기록하고 구상한 것들이 구체적인 콘셉트나 재미있는 콘텐츠의 방향을 잡는 데 큰 도움이 되었다.

산업의 시작이 박물관에서 이루어지는 것은 초콜릿밖에 없다. 초콜릿 관련 분야의 일을 하고자 한다면 초콜릿에 관한 자료를 얻기 위해 박물관으로 가야 한다. 박물관에서 초콜릿의 주원료인 카카오에 대해 개괄적인 설명을 보고, 카카오가 어떻게 전파되어 유럽을 돌아 우리나라까지 들어오게 되었는지 유입경로도 알아야 한다. 또한, 세계적으로 유명한 초콜릿들이 어떤 스토리를 갖고 발전하게 되었는지 그 과정을 읽어야 한다.

초콜릿은 '그냥 맛있다'에서 끝나기에는 그 범위가 너무 넓다. 남녀 간의 고백, 친구 사이의 응원과 격려, 기업이나 정부 차원의 중요한 협상 자리에도 등장할 정도로 초콜릿은 여러 대상 사이의 매개체가 될 수 있으므로 그만큼 수익을 창출할 수 있는 산업도 다양하다.

우리나라의 1인당 GDP는 이제 2만 5,000달러를 향해 달려가고 있다. '3만 달러가 넘어가면 초콜릿 산업이 발달한다'는 관용어에 따르면 앞으로 초콜릿 시장이 더욱 활성화되어 프리미엄 시장이 개척될 것이라는 예상을 조심스럽게 내놓을 수 있다.

2013년 우리나라 초콜릿 시장의 규모는 대략 6,000억 원이었고, 그중 롯데와 해태가 5,500억 원을 차지하였다. 즉, 두 회사가 만드는 플라스틱 초콜릿이 우리나라 초콜릿 시장의 90퍼센트 이상을 차지하고 있는 셈이다. 우리나라 초콜릿 산업은 카카오 재배환경과 문화가 뒷받침해주지 못해 걸음마 단계라 할 수 있지만, 이제는 점차 프리미엄 시장에 대한 준비를 해나가야 한다.

초콜릿은
만든 사람의 세포를
기억한다

20대에 꼭 해야 할 일을 꼽으라면 그중 하나가 젊음의 패기와 꿈을 짊어지고 떠나는 세계여행이 아닐까 싶다. 나 역시 20대 시절 많은 곳을 여행했지만, 특히 기억에 남는 여행이 있다. 영국을 여행하던 도중 한 번의 실수로 인해 갖게 된 묘한 만남이 오늘날 나의 길에 적잖은 영향을 끼치게 된 것 같다.

묘한 만남은 잘못된 버스에 올라탄 것으로부터 시작한다. 버스를 잘못 타는 바람에 본래 가고자 하는 목적지와는 전혀 다른 곳에 도착한 나는 하릴없이 영국의 어느 시골 동네를 구경하게 되었다. 동네를 돌다가 마침 아담한 초콜릿 가게가 눈에 띄어 문을 두드리게 되었다. 정말 영화에 나올 법한 설정처럼, 초콜릿 가게의 주인은 환갑을 족히 넘은 듯한 할머니였다.

목적지와는 상관없는 시골에 도착한 터라 별다른 일정

없이 서성거리던 나는 초콜릿 가게에서 할머니와 오랫동안 초콜릿에 관한 대화를 나눌 수 있었다. 오랜 세월 동안 수제 초콜릿을 만들었다는 할머니와 나눴던 이야기가 오늘날 나의 어록 1순위에 기재된 걸 보면 그 만남이 내겐 더없이 신비롭고 소중한 여행의 한 자락이 아닐 수 없다.

까다롭고 도도한 여자를 대하듯

할머니는 내게 초콜릿은 살아서 숨 쉬는 생명체와 똑같다고 이야기했다. 그리고 그냥 생명체가 아니라 성격이 좋지 않은 까다롭고 도도한 여자와 같다는 말도 덧붙였다. 지금 생각해보면, 초콜릿이 살아 숨 쉬는 생명체와 같다는 말만큼 적절한 비유가 또 있을까 싶다. 초콜릿 속에 있는 카카오 버터의 물리학적으로 불완전한 성질이 온도와 습도 등의 상태에 따라 예민하게 반응하는 점이 여자

와 같고, 그만큼 초콜릿을 잘 다뤄야 한다는 뜻이었을 게다.

실제로 초콜릿을 만들면서 템퍼링 작업을 하는 이유와 블룸 현상이 일어나는 원인 그리고 까다로운 보관법 등이 모두 온도와 습도에 관련이 있음을 알게 되었다. 적절한 온도와 습도가 잘 유지되어야 고품격의 초콜릿이 완성되듯 예민한 여자 또한 사랑하는 이의 지속적인 관심과 보살핌이 있어야 더욱 아름다운 여성으로 빛날 수 있는 것 아닐까?

한국초콜릿연구소 소속 공방에서 15주에 걸친 초콜릿 만들기 강의를 할 때, 첫 번째 수업과 마지막 수업 시간에 교육생들에게 꼭 하는 말이 있다. '초콜릿은 만드는 사람의 세포를 기억하고 있다' 하는 말이다. 앞서 초콜릿이 살아 숨 쉬는 생명체와 같다는 표현에서 진일보한 표현이다. 아니 어쩌면 사랑과 관심, 보살핌을 받은 여자가 그것을 오롯이 가슴에 품고, 얼굴과 마음에 그것이 드러나는 것과 초콜릿은 다를 게 없다. 초콜릿 또한 만드는 사람의 모든 것을 온전히 다 기억하고 받아들이므로 완제품만 보면 제조 공정을 보지 않더라도 어떤 상태로 초콜릿을 만들었는지 알 수 있기 때문이다.

공장에서 찍어내는 물건은 공장의 기계를 다루는 이들의 감정이나 몸 상태가 전혀 영향을 끼치지 않는다. 그러나 초콜릿은 만드는 사람의 세포까지 기억하고 있으므로 만드는 이의 기분이나 건강 상태 등이 모두 결과물에 반영된다. 예를 들어 만드는 이의 컨디션이 좋

지 않아 열이 오른 상태라면 상대적으로 체감 온도가 조금 높은 상태에서 초콜릿 반죽을 다루게 된다. 그러면 초콜릿 제조 과정에서 그 열이 초콜릿 반죽에 어떻게든 계속 영향을 끼칠 것이며, 그 미세한 온도 차가 템퍼링을 실패하게 만들거나 블룸 현상을 야기할 수도 있다.

쇼콜라티에의 컨디션이 모두 반영되는 초콜릿

템퍼링은 리얼 초콜릿을 만들 때 거쳐야 하는 필수 과정이다. 카카오의 식물성 기름은 상온에서 액체 형태를 띠는 다른 식물성 기름과 달리 고체 형태의 버터이므로 템퍼링을 해야만 한다. 이처럼 템퍼링이 필요한 이유 자체가 온도에 따른 카카오 버터의 분자 형태 변화이므로 미세한 온도 차도 큰 영향을 끼칠 수 있다. 또한, 카카오 버터는 한 물질 안에 성질이 다른 여섯 가지 분자를 가지는데 이러한 물질을 폴리모프라 한다. 여섯 개의 폴리모프의 안정성과 녹는점, 어는점 등은 모두 다르기 마련인데, 카카오 버터의 녹는점 분포는 섭씨 13도에서 35도에 이를 정도로 폭넓게 분포한다. 녹는점은 순서대로 19도, 21도, 25도, 27도, 31도, 그리고 38도인데 이 가운데 가장 이상적인 형태의 결정인 다섯 번째 결정(V 결정, β 결정)의 녹는점이 31도이므로 이 온도에 유의하여 템퍼링을 해야 단단하면서도 부드럽게 녹는 초콜릿을 만들 수 있다. 따라서 초콜릿 가공 중 마지막 초콜릿의 온도를 30~32도로 유지하는 것이 가장 바람직하다. 이뿐만 아니라 앞서 템퍼링 방법에서도

주지한 바와 같이 초콜릿의 종류에 따라온도를 1도 혹은 2도 정도 조절해서 템퍼링해야만 실패하지 않을 정도로 카카오 버터는 온도에 매우 민감하다. 따라서 사계절이 뚜렷한 우리나라에서 겨울과 여름의 템퍼링 방법 역시 온도 설정이 가장 큰 성공 요인이자 실패 요인이라 할 수 있다.

뿐만 아니라 완성된 초콜릿을 보관할 때의 온도도 초콜릿의 품질을 결정하고 유지하는 데에 있어 중요하고 민감한 부분이다. 따라서 쇼콜라티에는 늘 온도에 민감해야 하며 신경을 많이 쓰지 않으면 안 된다.

그러나 역설적으로 오랜 세월 동안 초콜릿을 만들다 보면 온도계가 오히려 방해가 될 때가 있다. 온도계보다 사람의 체온, 혀, 손끝 등으로 온도를 가늠하는 것이 더 적합할 때가 많기 때문이다. 그만큼 우리 몸의 온도에 예민하게 반응하는 게 바로 초콜릿이다. 따라서 스스로 자신을 행복하게 만들어야 맛있는 초콜릿을 만들 수 있다.

초콜릿은 거짓말을 못 한다

초콜릿이 만드는 이의 세포를 기억한다는 말은 '초콜릿은 거짓말을 못 한다'라는 명제로 바꾸어 설명할 수 있다. 된장찌개를 끓일 때는 소금이 먼저 들어가든 설탕이 먼저 들어가든, 혹은 식재료의 선후가 바뀌어도 완성된 된장찌개의 맛과 모양에는 별다른 차이가 없다는 데에 모두 이의가 없을 것이다. 그러나 초콜릿은 작업의 순서를 바꾸면 돌이킬 수 없는 강을 건너는 것과 같은 행위를 한 격이 된다.

같은 블룸 현상이라도 그 원인은 다르다. 예를 들어 두 가지 초콜릿이 있다고 치자. 하나는 곰팡이가 핀 것처럼 하얀 무늬가 초콜릿을 뒤덮었고, 다른 하나는 설탕 응어리가 마치 모래알처럼 표면에 다닥다닥 붙어 있다. 이 두 가지 초콜릿은 모두 제조 공정 중 적절치 못한 조건을 확인

하지 않아서 발생한 현상이지만 그 요인은 서로 다르다. 전자는 팻블룸으로, 적정 온도 이상의 고온으로 작업을 진행하였을 경우 초콜릿 속 지방 성분이 초콜릿 표면으로 스며나와 하얗게 되는 현상이다. 후자는 습도가 높게 설정된 작업장에서 작업을 진행하였을 경우 공기 중의 수분을 흡수하면서 초콜릿 속에 미립자 상태로 분산되어 있던 설탕이 분리되어 초콜릿 표면으로 표출되는 슈거블룸이다. 요약하자면 전자는 고온, 후자는 고습도로 인한 시행착오가 결과물에 나타난 것이다.

초콜릿은 예민한 여자와 같고, 어찌 보면 도도한 고양이와도 성질이 비슷한 것 같다. 미묘한 환경적 차이에도 금세 반응하고, 자신을 다루는 과정과 습관을 잊지 않는다. 따라서 정말로 초콜릿이 살아 숨 쉬는 생명체라는 생각을 갖고 만들어보는 것은 어떨까? 아마 빠르고 쉽고 편리한 방법으로 넘어가면 아무도 모를 거라는 생각은 하지 못하게 될 것이다. 지금 내 손끝 하나하나에 민감하게 반응하는 초콜릿이 나를 기억하고 있을 테니 말이다.

초콜릿을
만들면
예뻐진다

I Love You

'자리가 사람을 만든다'는 표현이 있다. 자신이 어느 위치에 있느냐에 따라 그에 맞게 사람이 변한다는 뜻이다. 책임 있는 자리에 올라가게 되면, 그만큼 그 자리에 부합하는 사람이 되고자 스스로 노력하고 성장하게 된다. 외모지상주의가 만연해진 오늘날, 그 사람의 자질까지 외모로만 평가하는 경우가 많은데, 그것은 매우 위험한 행동이다. 하지만 자신의 위치와 직업에 비추어보았을 때 사람을 직접 만나 그들을 설득하거나 무언가를 판매해야 하는 경우엔 그 사람의 차림새나 전체적인 인상이 결과에 큰 영향을 끼치기 마련이다.

예를 들어 자동차 영업사원이 어느 고객을 직접 방문하여 구매하려는 차에 대한 미팅을 하기로 했다고 가정해보자. 창이 넓은 카페에서 자동차 영업사원을 기다리는 소비자에게 세차도 하지 않아 흙탕물로 뒤덮인 차에서 내리는 자동차 영업사원과 갓 출고된 차처럼 윤기가 반지르르하게 흐르는 차에서 내리는 자동차 영업사원 중 누구에게 더 신뢰가 갈까? 당연히 후자일 것이다. 설령 전자의 영업사원이 가져온 차의 성능이나 가격이 더 좋다 해도 후자와 거래가 성사될 가능성이 높다.

사람은 시각의 지배에서 결코 자유로울 수 없는 동물이다. 따라서 사람과 사람의 첫 대면에서 상대방에 대한 가치판단은 그 사람의 외모나 옷차림에 많이 의존하게 된다.

초콜릿에 걸맞은 품격을 절로 갖추다

초콜릿의 가격은 종류에 따라 천차만별이지만 한 알에 2,000~3,000원씩 하는 봉봉 쇼콜라는 초콜릿 중에서도 고가품에 해당한다. 봉봉 쇼콜라 한 알만 먹고는 감질나기 때문에 초콜릿을 제대로 잘 먹었다는 기분을 느끼는 사람은 아마 아무도 없을 것이다. 적어도 서너 알은 먹어야 만족스러울 텐데, 그러자면 벌써 밥 한 끼 가격을 넘기고 만다. 따라서 일반 슈퍼에서 파는 판 초콜릿이 아닌 리얼 초콜릿을 팔기 위해서는 초콜릿을 만들고 파는 사람 또한 그에 걸맞은 품위와 격식을 갖출 필요가 있다.

같은 수제 초콜릿을 하나는 예쁜 포장지에 싸서 리본 장식까지 했고, 다른 하나는 대충 비닐봉지에 싸서 판매한다고 할 경우 후자는 제 값을 받기 힘들 것이다. 마찬가지로 똑같이 예쁘게 포장한 초콜릿을 하나는 동네 슈퍼의 일반 식품 사이에 진열하고, 다른 하나는 마카롱이나 고급 조각 케이크 사이에 진열했다면 이 역시 전자는 팔리지 않은 채 먼지만 쌓이게 될 것이다.

실제로 청담동이나 한남동에는 오랜 역사와 전통을 가진 프랑스의 드보브 에 갈레나 벨기에의 노이하우스 등 세계적인 고급 초콜릿 브랜드 매장을 몇 군데 발견할 수 있다. 상점 외관에서부터 고급스러운 이미지를 풍기는 그곳의 문을 그냥 눈요기하기 위해 두드리기란 솔직히 쉽지 않다. 그러나 맘을 굳게 먹고 그곳을 찾아가 문을 두드리면 초콜릿의 또 다른 세계와 마주할 수 있다.

손님을 대하는 그곳의 주인장 혹은 종업원은 친절하고 자연스럽게 초콜릿의 특징을 설명해준다. 이러한 초콜릿 매장이 처음이어서 어색하고, 어떤 초콜릿을 사야 할지 결정하지 못할 때 주인장의 코멘트가 얼마나 큰 힘이 되는지 경험하지 않은 사람은 모른다. 초콜릿뿐만 아니라 다른 소비도 마찬가지겠지만, 직접 초콜릿을 만들고 손님을 대하는 쇼콜라티에의 기품과 서비스로 인해 소비가 유발되는 것이다.

이처럼 초콜릿은 초콜릿 혼자만 고급스러워서는 소비자에게 온전히 다가가기 힘들다. 초콜릿은 문화 산업이다. 초콜릿을 둘러싼 모든 것들이 그에 걸맞은 품격을 지녀야 한다.

초콜릿 관련 행사들은 대부분 외국 행사가 많아 개인 공방을 차린 수강생들이 가족 모두와 동반하는 경우가 많다. 이럴 때면 수강생의 남편에게 자주 듣는 말이 있다.

"집사람이 초콜릿을 만들기 시작한 이후 여자가 된 것 같아요."

말인즉슨, 초콜릿을 다루다 보면 절로 그에 맞는 품격을 갖출 필요성을 느끼게 되고, 스스로 변화한다는 뜻일 게다.

앞서 초콜릿은 예민하고 도도한 여자와 같다고 했다. 여자 같은 초콜릿을 다루게 되니 그것을 만드는 사람 역시 더욱 우아한 여성이 되는 것은 당연한 결과가 아닐까?

어린 시절에 집중력이 떨어지거나 주의가 산만한 아이는 서예나 바둑과 같은 취미를 붙여줄 것을 권한다. 그렇다면 이제는 자신이 갖고 있는 여성적 매력을 아직 찾지 못한 여성이나 혹은 여자를 몰라도 너무 모르는 남성에게 초콜릿 만들기를 권하는 건 어떨까? 아마 초콜릿에 대한 이론과 실습을 어느 정도 마친 뒤에는 몰라보게 예쁜 여자로 혹은 감성적인 면이 상당히 발달된 남자로 탈바꿈되어 있을지 모른다.

초콜릿은
사람과 사람을 이어주는
매개체

사랑하는 연인 사이에서 꼭 한 번 주고받았음직한 선물을 꼽으라면 단언컨대 초콜릿이 맨 앞자리를 차지할 것이다. 사랑하는 감정을 훅 불러일으킬 정도로 다량의 페닐에틸아민을 함유한 것은 아니지만 입안을 달콤하게 적시는 초콜릿 특유의 향과 맛이 기분을 달뜨게 만드는 것은 자명한 사실이다. 이 때문에 초콜릿은 사랑의 매개체로 자주 등장한다.

사랑을 고백할 때 빠지면 섭섭해

밸런타인데이가 바로 초콜릿의 그러한 기능을 단편적으로 보여주는 날이 아닐까 싶다. 결혼 금지령이 선포되었던 3세기경의 로마에서 사랑하는 연인들을 결혼시켜준 죄로 순교한 사제의 이름과 순교일을 기념하기 위해 시작되었다는 밸런타인데이는, 이외에도 몇 가지 유래가 함께 전해져 내려온다.

먼저 고대 로마의 풍요기원제인 루페르칼리아(Lupercalia)에서 밸런타인데이의 기원을 찾을 수 있다. 이 축제에서는 큰 항아리에 젊은 여자들이 자신의 이름을 적어 넣으면,

남자들이 항아리 속 이름표를 골라 짝을 짓는 행사가 진행되었다고 한다. 이 행사를 비기독교적으로 여긴 당시의 교황이 루페르칼리아를 밸런타인데이로 선포하고 남녀 간의 사랑을 마음껏 표현할 수 있는 날로 기리기 시작했다고 한다.

또 다른 유래는 1477년 2월 14일 영국의 한 시골 처녀가 짝사랑하는 젊은이에게 사랑의 편지를 보내 결혼까지 성공한 데에서 비롯되었다. 이후 밸런타인데이는 오늘날과 같은 젊은이의 축제로 자리 잡으면서 여자가 남자에게 자신의 마음을 편지로 고백하는 문화가 발달하기 시작했다. 오늘날 런던의 국립우편박물관에 당시 시골처녀 마거리 부르스 양의 편지가 전시되어 있어 짝사랑을 하고 있는 뭇 여성들에게 용기와 희망을 주고 있다.

이처럼 여러 가지 기원 속에서 발달한 오늘날의 밸런타인데이는 법정 공휴일이 아님에도 불구하고 전 세계 수많은 남녀가 하트 모양의 카드와 초콜릿, 빨간 장미꽃, 케이크 등을 선물하며 즐기고 있다. 그렇다면 어떻게 밸런타인데이에

초콜릿이 사랑을 전하는 매개체가 된 것일까? 여기에는 일본 초콜릿 회사의 대대적인 마케팅 전략이 일조를 했다.

1936년 2월 12일 고베의 모로조후 양과점은 '밸런타인 초콜릿'을 광고하면서 초콜릿으로 사랑을 전할 수 있다는 메시지를 전파하였다. 그 후 1958년에는 신주쿠에 위치한 이세탄백화점의 메리 초코레이트 컴퍼니가 밸런타인데이를 겨냥한 특별 초콜릿을 판매하며 본격적으로 밸런타인데이와 초콜릿은 뗄 수 없는 짝꿍처럼 인지되기 시작했다.

이후 해를 거듭할수록 밸런타인데이는 여성으로부터 초콜릿과 함께 고백을 받는 날로 여겨졌으며, 오늘날에는 초콜릿 연간 소비량의 4분의 1이 밸런타인데이에 몰릴 정도로 밸런타인데이의 초콜릿 선물은 국민적 행사가 되었다. 바로 이러한 밸런타인데이 풍조가 우리나라에 영향을 끼친 것이다.

그러나 오늘날의 밸런타인데이는 딱히 사랑하는 남성에게 여성이 고백하며 초콜릿을 주는 형태만은 아니다. 오히려 이미 교제 중인 연인이나 결혼한 부부가 초콜릿을 주고받으며 사랑을 확인하는 매개체로서 역할을 톡톡히 해내고 있다. 이뿐만 아니라 사랑하는 이성 사이가 아니어도 친구나 직장 동료, 가족에게도 초콜릿을 선물하여 소소한 즐거움과 따뜻한 마음을 나누는 문화로 발전하고 있다.

초콜릿이 사랑의 매개체로 자리 잡은 데에는 탁월한 마케팅 효과도 있었지만, 그에 못지않은 초콜릿의 매력이 뒷받침되었기 때문에 사랑과 고백, 하트, 초콜릿이 동일선상에서 같은 이미지를 갖게 되었으리라.

또한, 초콜릿은 이제 사랑의 매개체뿐만 아니라 응원의 매개체로도 많이 활용되고 있다. 플라보놀 물질이 함유된 초콜릿은 뇌의 혈관을 확장시켜 혈액의 흐름을 빠르게 함으로써 집중력과 수학적 능력을 향상시키는 효과가 있음이 과학적으로 입증되었다. 이러한 효과 덕분인지 수능 합격 기원 선물이나 큰 시험을 앞둔 이들에게도 엿보다 초콜릿을 많이 선물하는 추세다. 특히 초콜릿 바 5개에 준하는 500밀리그램의 플라보놀을 복용하면 효과가 크다고 하니 시험 당일 초콜릿을 챙겨가서 쉬는 시간마다 하나씩 먹으며 피로와 긴장을 풀고, 시험 시간에 집중력을 향상시키는 것도 좋은 방법일 듯싶다.

쪽방에서 만든 초콜릿도 인기 있을 수 있다

사실 커피와 초콜릿은 유사한 점이 매우 많다. 초콜릿과 커피 모두 알코올이나 담배처럼 심한 중독성이 있다고 말하기는 어렵지만 이에 푹 빠진 이들이 두터운 마니아층을 형성할 정도로 마력을 갖고 있는 기호식품임에는 틀림없다.

그런데 창업을 생각할 때는 두 개의 아이템에 따라 달라지는 게 있으니 바로 창업 비용이다.

커피숍을 열기 위해 갖춰야 하는 커피머신은 그 가격만 천만 원을 호가한다. 그에 반해 초콜릿을 만들기 위한 도구는 최악의 경우 주걱과 그릇만 있어도 가능하므로 초기 투자비용이 커피보다 훨씬 저렴하다. 그리고 커피숍은 반드시 가게를 내고 손님과 직접 만나 현장에서 상품을 만들어야 하지만, 초콜릿은 주문한 상품을 바로 그 자리에서 만드는 것이 아니므로 꼭 목이 좋은 곳에 매장을 선정해야 하는 부담도 훨씬 적다. 심지어 공방을 마련한 초기 투자비용조차 넉넉하지 못할 경우에는 집에 있는 방 한 칸을 공방으로 만들어 활용해도 가능하다. 그 이유는, 초콜릿은 만드는 사람을 보고 주변 사람들이 모이기 때문이다.

초콜릿에 담긴 스토리는 곧 쇼콜라티에의 스토리이기도 하다. 그런 맛과 멋을 낸 초콜릿을 만든 사람이 누구인지 궁금해 하는 건 당연하다. 분명히 여행을 좋아하는 사람일 테고, 그렇다면 여행에 관한 이야기가 많은 사람일 거란 추측이 든다. 나에게도 그런 여행담이 많다면, 만나서 이야기할 때 자연스럽게 공감대 형성이 될 것이다. 이렇게 초콜릿은 장소를 불문하고 사람과 사람을 연결해준다.

마음이 통하면 수익 창출은 절로

초콜릿은 사람과 사람의 마음을 따뜻하게 이어주는 매개체로도 작용한다. 우리 공방에서 초콜릿을 배운 쇼콜라티에 중 암 치료센터에서 일하는 간호사가 있었다. 병원 일을 마치면 한달음에 달려와 열심히 만든 그녀의 초콜릿은 그녀와 함께 다음 날 병원으로 향했다. 고통스럽고 힘든 투병생활을 하는 환자들에게 그녀의 초콜릿은, 아마 초콜릿 이상의 부드럽고 달콤한 마음의 위로로 다가갔을 것이다.

그렇게 그녀의 초콜릿은 환자들에게 긍정의 에너지로 작용했고, 암 치료센터의 명물로 소문이 나기 시작했다. 상황이 이렇게 되자 본래 병원 안에서는 투잡이 불가능하지만 이 간호사만은 예외로 초콜릿을 판매할 수 있게 되었다. 환자들을 위한 사랑이 어린 그녀의 초콜릿이 만들어낸 새로운 기적이 아닐 수 없다.

식품회사의 배달원으로 일하는 한 수강생 역시 쇼콜라티에가 된 이후 재미있는 일이 생겼다. 이 수강생은 각 집에 신선한 콩나물을 배달하며 자신이 만든 초콜릿을 한 알씩 함께 주었다고 한다. 그랬더니 그 초콜릿 맛을 본 이들이 너무나 맛있어 하는 바람에 급기야 배달을 하면서 갖춘 네트워크를 활용하여 '찾아가는 초콜릿 서비스'를 함께 실시하게 되었다.

이뿐만 아니라 보성에서 차밭을 가꾸며 찻집을 운영하던 수강생도 우리 공방에서 전문가 수업을 모두 이수한 이후, 찻집에서 초콜릿을 만들어 시식을 시켜주자 이제는 차

를 마시러 오는 사람 이외에 초콜릿을 사러 오는 사람이 따로 생겼다고 한다. 모두 초콜릿을 만들어 자신의 주변 사람들에게 마음을 전달하는 과정에서 진심이 통해 수익 창출까지 이루어진 경우라 할 수 있다.

이처럼 사람의 마음을 전달하는 매개체로 초콜릿만큼 효과적인 것도 없을 듯싶다.

예쁜 초콜릿은
더 이상
경쟁력이 없다

거리를 걷다 보면 예쁜 사람들을 많이 보게 된다. 성형 수술이 많이 대중화되고 미용에 대한 관심과 투자가 증가하면서 꼭 연예인이 아니더라도 연예인 뺨치는 외모를 소유한 사람들이 많아지게 된 것 같다. 이처럼 일반인의 미의 수준이 높아진 만큼 '성형미인'이라는 용어도 익숙해지게 되었는데, 그와 동시에 '개성 있는 얼굴'이라는 표현도 심심치 않게 등장하고 있다.

쌍꺼풀진 큰 눈에 서양인 같은 오뚝하고 높은 코, 뾰족한 브이라인을 선호하는 까닭에 일률적인 미의 기준이 생겨 모두 그에 맞춰 예뻐지려고 노력한 결과 모두 비슷비슷한 얼굴이 되어버렸다. 그러자 뭔가 특색 있고, 다른 것과 차별화되는 자신만의 '한 방'을 갈구하기 시작했는데, 그것이 바로 개성이 아니겠는가.

미를 추구하는 것은 비단 외모만이 아니다. 같은 값이면 다홍치마라고 더 예쁜 집, 예쁜 먹을거리, 예쁜 옷 등, 보기에 좋은 것을 선택하고자 하는 것은 당연한 심리다. 초콜릿도 마찬가지. 이왕이면 예쁜 초콜릿을 선물하고 받고 싶어 한다. 이에 따라 예쁜 모양과 색깔을 가진 초콜릿은 물론, 초콜릿을 포장하는 포장지와 박스도 함께 발전하여 전 세계에는 예쁜 초콜릿이 정말 너무나 많다.

초콜릿도 웰빙시대를 넘어 힐링시대

그런데, 모순처럼 들리겠지만, 더 이상 예쁜 초콜릿은 경쟁력이 없다. 이제 초콜릿도 개성시대가 도래한 것이다. 예쁜 초콜릿을 이길 수 있는 방법은 더 좋은 재료를 갖고 만든 개성 있는 초콜릿을 개발하는 것이다.

실제로 우리 한국초콜릿연구소가 만든 초콜릿 맛을 보고, 돈을 줄 테니 레시피를 알려달라는 외국의 쇼콜라티에들이 있었다. 하지만 막상 그 레시피를 공개하자니 멋쩍었다. 대개 초콜릿을 만들 때 사용하는 가공 버터를 뺀 것뿐 특별한 레시피가 없었기 때문이다. 그래서 그냥 "다음에 만나면 알려주겠다"라고 얼버무렸다.

이 일화는 무얼 말해주는 걸까? 드디어 유럽인들도 자연에 가까운 맛에 눈을 뜨고 있다는 뜻 아닐까?

20세기의 종지부를 찍고 21세기가 시작되면서 잔잔히 불어온 웰빙의 바람은 사그라질 기미를 보이기는커녕, 점차 우리의 입맛을 건강하게 바꿔놓고 있다. 어떤 레스토랑에서는 중간거래상을 제외하고 직접 농장을 찾아다니며 신선한 식재료를 조달하기도 하고, 또 다른 레스토랑은 아예 옥상에 작은 텃밭을 만들어 직접 유기농 채소를 재배하는 등 식재료의 신선도와 안전성에 큰 가치를 두고 있다.

좋지 않은 재료로 좋은 맛을 내는 건 사실 어불성설에 가깝다. 몸속이 좋지 못한 사람이 겉으로 봤을 때도 안색이 좋지 않은 것처럼 신선하지 않은 저렴한 재료로 만든 음식이 볼품없고 맛이 떨어지는 것은 당연하다. 반면 좋은 재료로 만든 음식은 대충 만들어도 내용이 충실하므로 맛이 있다. 음식 맛은 손맛이라는 말도 있지만, 음식의 맛을 결정하는 데는 원재료의 품질과 상태가 기본이자 가장 중요한 사항이므로 늘 좋은 재료를 쓰고자 노력하는 것이다.

이뿐만 아니라 당근과 오이, 브로콜리, 파프리카 등 예전에는 주목받지 못했던 식재료가 건강과 미용에 효과적인 경우 이를 활용한 음식들이 개발되면서 입맛이 깨이고 있는 추세다. 따라서 비타민이 손상되지 않도록 원재료의 특성을 최대한 살린 내추럴한 음식이 개발되고 있다. 이러한 웰빙 트렌드가 초콜릿에도 영향을 미치고 있다.

초콜릿 역사가 불과 40년 남짓한 우리나라에서 유구한 전통을 가진 유럽의 초콜릿보다 예쁜 초콜릿을 만든다는 건 살아생전 이루기 힘든 과제라고 감히 말할 수 있다. 그러나 그들보다 더욱 건강하고 좋은 재료를 사용하여 맛 좋고 개성 있는 초콜릿을 만들기는 노력 여하에 따라 얼마든지 가능하다.

재료 엄선에 대한 깐깐함

한국초콜릿연구소는 온라인 구매가 아니라 공급자로부터 직접 물품을 받는 형태로 모든 재료를 구입한다. 또한 유통기한이 하루뿐인 재료일 경우, 아침에 들어온 것보다 저녁에 들어온 것이 더 최근이므로 조금 더 비싸더라도 저녁에 들어온 것을 사는 세세한 노력까지 기울인다. 달리 말하면, 공급자에게 더 많은 금액을 지불하는 대신 우리의 요구를 더욱 까다롭게 세분화할 수 있는 것이다.

또 하나, 보통 물건을 주문하면 공급자가 편한 시간에 물건을 공급해주기 마련이다. 그러나 우리 한국초콜릿연구소는 초콜릿을 만들기 위한 원재료의 최적의 상태를 유지하기 위해 새벽이든 한밤중이든 우리가 필요한 시점에 물건을 달라고 요구한다.

우리 연구소에서는 성형한 초콜릿 위에 각종 견과류나 말린 과일 등을 올리는 만디앙 초콜릿이나 가나슈를 만들 때 무염 아몬드를 사용한다. 대부분은 저렴한 가격과 보관의 편의성을 고려하여 소금이 들어간 가염 아몬드를 사용하기 마련이다. 가염 아몬드는 대략 1킬로그램에 8,000원 정도이고, 무염 아몬드는 1만 3,000원 정도로 약 1.5배 비싸므로 선뜻 무염 아몬드를 식재료로 사용하기가 쉽지 않다. 그러나 우리는 원재료의 가치를 우선하므로 최상의 재료를 고집한다. 이러한 고집과 의지가 7~8년의 세월 동안 단 한 번도 맛이나 품질에 관한 컴플레인 없이 수많은 마니아층을 확보하는 결과를 만들어냈다.

일단 갖고 있는 재료의 양과 상태에 맞춰서 초콜릿을 만들어 판매하는 것과 달리 우리는 주문 생산을 하므로 '나를 위해 만든 신선한 초콜릿'이라는 이미지와 함께 만드는 이의 마음까지 전달되어 우리 연구소의 초콜릿을 또다시 찾게 되는 것이리라.

초콜릿과 농산물, 찰떡궁합

앞서 말한 것처럼 예쁜 초콜릿은 더 이상 경쟁력이 없다. 그런 초콜릿은 너무 많기 때문이다. 아무리 예쁘게 만들고자 심혈을 기울여도 이미 정평이 나 있는 외국 쇼콜라티에의 작품을 따라가기 어렵다. 하지만 건강을 생각하는 재료로 만드는 초콜릿은 경쟁력이 있다.

우리 한국초콜릿연구소는 용인시농업기술센터와 함께 초콜릿에 우리 농산물을 섞어 초콜릿의 성질과 채소의 성질 사이의 공통분모를 찾아내는 연구를 진행하였다. 수많은 가짓수의 농산물과 배합 끝에 둘 사이의 공통분모가 온도에 있다는 것을 알게 되었고, 우리는 적정 온도를 찾는 작업을 다시 한 번 거친 후 농사를 짓는 용인시의 마을 사람들에게 기술을 제공해주었다.

우리 연구소가 자리한 경기도 용인시 처인구 모현면 능원리의 호박등불마을은 2007년 농촌진흥청으로부터 전통테마마을로 지정받은 전원형 농촌마을이다. 마을 청년회와 부녀회를 중심으로 운영되는 이 마을에서 우리의 연구는 시작되었다.

마을 이름에 호박이 명시될 정도로 40여 종의 다양한 호박을 재배하고 있는 호박등불마을에서 우리는 호박을 활용한 초콜릿을 선보이기 위해 호박 요리법을 다양화했다. 호박을 분말 형태로 만들거나 삶거나 찌거나 튀기는 등 여러 연구진들이 하나씩 조리법을 맡아서 진행하여 체계적으로 연구할 수 있었다.

예를 들어 한 연구원은 호박을 삶아서 물기를 제거한 후 몇 도에서 초콜릿과 섞었을 때 블룸 현상이 발생하지 않는 최적의 초콜릿이 만들어지는지 연구하고, 다른 연구원은 호박을 찐 후 가루로 만든 호박 분말과 초콜릿의 비율을 연구하고, 또는 호박과 초콜릿 이외에 생크림이나 리퀴드 등 다른 첨가재료와의 배합 등을 연구하는 등 연구소라는 하나의 이름 아래 같이 총력을 다하여 호박 초콜릿을 만드는 데 박차를 가했다.

모든 연구진들이 함께 고생하며 노력한 끝에 초콜릿의 주원료인 카카오 매스와 카카오 버터에 농산물 각각의 수분 함량도와 당도, 그리고 온도의 최적점을 찾아 배합할 수 있게 되었다. 그리하여 한국인의 입맛에 맞는 농산물을 함유한 초콜릿을 만드는 데 성공하였다.

우리나라는 카카오나무의 서식환경과 너무 다른 기후 조건을 가지고 있어 카카오 재배가 실질적으로 불가능하므로 현재 국내의 초콜릿은 대부분 수입 원료에 의존하고 있다. 그러나 각종 국제 초콜릿 대회에서 우승을 휩쓸 정도로 초콜릿 가공 기술만큼은 세계 선진국 수준이라 할 수 있다. 하지만 초콜릿 가공 기술을 개발하는 데 드는 연구비를 지원해주는 곳을 찾기란 쉽지 않다. 우리 한국초콜릿연구소도 아이디어를 내고 용인시에 기술을 이전하는 조건으로 용인시농업기술센터를 설득하여 농산물 초콜릿을 개발할 수 있었다.

우리 연구소는 호박초콜릿을 개발하기까지 거친 연구 과정을 토대로 더욱 다양한 우리 농산물로 만든 초콜릿을 개발하기에 이르렀다. 호박 이외에도 양파와 당근, 마늘, 시금치 등 쉽게 접하는 농산물부터 도라지, 홍삼, 인삼, 매실, 마, 한라봉, 복분자 등 40여 가지에 이르는 다양한 맛의 초콜릿을 개발하여 한국인의 입맛을 사로잡고 있다. 심지어 2011년 김천 자두축제에 홍보할 용도로 개발한 자두 초콜릿과 대구 달성의 다사농협과 함께 만든 쌀초콜릿은 일시적인 이벤트성 초콜릿으로 그치지 않고 지역 특산물로 자리매김하는 쾌거를 이루었다.

이제 용인시의 호박등불마을은 한국 유일의 초콜릿 테마마을인 '초콜릿 빌리지'로도 통한다. 호박등불마을에 등불을 밝히고 달콤한 초콜릿을 만들어내는 한국초콜릿연구소의 강좌는 현재까지 1,500명 이상의 수강생이 찾을 만큼 큰 인기를 구가하고 있다. 체험학습은 초콜릿 만들기 체험에 들어가기에 앞서 초콜릿이 만들어지는 원리와 종류, 초콜릿에 대한 개괄적인 설명 등 초콜릿에 대한 이론 강의 후 본격적으로 초콜릿을 만드는 형식으로 진행된다. 이러한 체험은 1일 체험과 취미반, 전문가반, 창업반 등 지속적이고 체계적으로 배우는 강좌도 마련되어 있다.

초콜릿 기술을 여러 사람에게 전파하고 초콜릿을 통한 문화와 추억을 함께 나누고 싶은 마음으로 시작한 체험장에서는 건강을 생각하는 따뜻한 마음이 담긴 초콜릿이 사람들의 마음속에 달콤하게 녹아들고 있다.

한국초콜릿연구소를
소개합니다

그림 박가현

안데르센의 동화 '헨젤과 그레텔'에 등장하는 과자의 집을 현실에서 맞닥뜨린다면, 그 집에서 피어나오는 달콤한 향기에 이끌려 무서운 마녀가 산다는 것도 잊어버린 채 그 집의 문을 열게 되지 않을까? 비록 외관이 초콜릿으로 이루어지지는 않았지만, 동화 속 과자의 집만큼 달콤한 향기를 풍기며 따뜻하고 풍요로운 마음으로 초콜릿을 만들고 연구하는 곳이 있다.

초콜릿의 역사가 촘촘하게 이어져 온 유럽에 비해 우리나라의 초콜릿 역사는 이제 40여 년 정도에 불과하다. 또한, 처음 들어오기 시작한 초콜릿이 미국 군인들의 비상식량이었던 초코바였던 탓에 고급 수제 초콜릿 시장은 지금까지 미개척 분야이기도 하다.

하지만 우리나라의 국민소득이 높아지고, 세계 여행을 통해 유럽의 문화에 눈을 뜬 이들에게 초콜릿은 점차 자유롭게 누릴 수 있는 고급 문화 콘텐츠로 자리매김하고 있다. 따라서 이제는 그에 걸맞은 초콜릿 관련 정보와 기술이 필요하다. 이러한 갈증을 시원하게 해소해줄 수 있는 곳이 바로 한국초콜릿연구소다. 한국초콜릿연구소는 값싼 플라스틱 초콜릿에 길든 입맛을 넘어 프리미엄 초콜릿을 널리 알기기 위해 Raw 초콜릿을 직접 만들고, 연구하고 교육하고자 하는 사람들에 의해 만들어졌다.

한국초콜릿 연구소는 〈은하초코기 사단〉(Universe Choco Knight)과 〈초코하르딘〉(Choco Jardin), 〈초콜릿이도〉(Chocolate ido), 그리고 〈초코동이〉(Chocodongi)를 주축으로 이루어져 있으며, 연구소에서 교육받은 수강생들이 운영하는 초콜릿 공방을 통해 많은 사람에게 초콜릿을 전파하고 있다.

국내 유일의 초콜릿 테마마을, 〈은하초코기사단〉

대표 : 박영도
연락처 : 031 321 1088 / 010 5624 1002
홈페이지 : www.koreachocolate.co.kr
주소 : 경기도 용인시 처인구 모현면 능곡로 160

〈은하초코기사단〉은 경기도 용인 호박등불마을에 있는 초콜릿아카데미이자 국내 유일의 초콜릿 테마마을이다. 본래 동국대 식품영양학과의 실험실습실이었던 이곳은 박영도 교수가 올바른 식생활 문화를 보급하기 위해 수업이 없는 날 일반인에게 개방하기 시작했다. 그리고 자신이 좋아하는 만화영화 '은하철도 999에서 모티브를 따 〈은하초코기사단〉이라는 이름을 붙이고 이곳을 초콜릿 테마마을로 특화하면서 초콜릿과 관련된 다양한 프로그램을 운영하고 있다.

국내 유일의 '국제 쇼콜라티에'이기도 한 박 교수는 초콜릿 원료에 관한 이론 수업을 먼저 진행한 후 체험 및 실습에 들어간다. 이곳에서 생산된 초콜릿은 외국에서도 그 기술력과 품질을 인정받았으며 일반인뿐 아니라 여러 지자체에서도 기술을 사 갈 정도다. 전국 방방곡곡에 〈은하초코기사단) 수강생들이 만든 공방들이 있을 정도로 우리나라 초콜릿 문화와 확산에 큰 기여를 하고 있다.

자연 친화적 삶을 추구하는 타샤의 초콜릿스튜디오, 〈초코하르딘〉

대표 : 타샤 김(Tasha Kim)
연락처 : 031 321 1088 / 010 7731 2009
홈페이지 : www.chocojardin.com
주소 : 경기도 용인시 처인구 모현면 능원로 41-6

〈초코하르딘〉은 삶을 사랑한 그녀, 타샤 튜더(Tasha Tudor)의 자연 친화적 삶을 추구하는 수제 초콜릿스튜디오다. 스페인어로 '달콤한 초콜릿 정원'이라는 뜻의 〈초코하르딘〉은 정원 속에서 초콜릿을 함께 나누며 한국의 초콜릿 문화를 만들어가고 있다.

국내 1호 '가든 디자이너 쇼콜라티에' 타샤 K가 운영하는 〈초코하르딘〉에서는 쇼콜라티에 전문가 과정, 창업 과정, 취미반, 일일체험, 단체출강 등 다양한 초콜릿 수업을 진행하고 있다. 〈초코하르딘〉은 2011년에는 〈압구정 볶는 커피〉, 2012년에는 〈세븐 몽키즈 커피〉(Seven Monkeys Coffee), 2013년에는 〈카페 무띠〉(Cafe Mutti)에 제품을 공급했다. 이뿐만 아니라 이동식 클래식 카 '봉봉'을 통해 〈초코하르딘〉의 달콤함을 많은 이들에게 직접 전하고 있다.

세계 모든 사람에게 사랑받는 한국적인 초콜릿, 〈초콜릿이도〉

대표 : 황연숙
연락처 : 031 886 7575 / 010 6656 6454
홈페이지 : http://www.chocolateido.co.kr
네이버카페 : http://cafe.naver.com/chocolateido
주소 : 경기도 여주시 능서면 새미실2길 14

〈초콜릿이도〉의 '이도'는 세종대왕의 본 이름으로, 한글을 만들어 세계에 널리 알린 세종대왕처럼 세계 모든 사람에게 사랑받는 한국적인 초콜릿을 만드는 회사로 발돋움하겠다는 뜻이 담겨 있다. 또한 이를 영문으로 표현한 ido는 "I do chocolate" 즉 "나는 초콜릿을 한다"는 뜻을 가지고 있다. 초콜릿 만들기 수업을 통해 초콜릿 제조기술을 전수함과 동시에 유럽 스타일의 재료와 한국 고유의 맛을 지닌 재료를 이용하여 한국인의 입맛에 맞는 한국적인 초콜릿을 개발판매하고 있다.

한국초콜릿연구소의 부설 교육 아카데미이기도 한 〈초콜릿이도〉는 공방도 함께 운영하고 있어 일일체험이나 단체체험, 취미반, 쇼콜라티에 아카데미, 외부출강 등 다양한 프로그램을 통해 고급 수제 초콜릿을 경험할 수 있다.

한국인의 진한 정이 듬뿍 담긴 초콜릿 그릇, 〈초코동이〉

대표 : 최무동
연락처 : 031 8013 7182 / 010 8675 7182
홈페이지 : http://chocodongi.co.kr
네이버카페 : http://cafe.naver.com/chocodongi
주소 : 동탄점 / 경기도 화성시 큰재봉길 23-11(석우동) 동탄삼성쉐르빌
　　　영통점 / 수원시 영통구 영통동 1007-10번지

경기도 화성 동탄에 위치한 초콜릿 공방 〈초코동이〉는 화려하지는 않아도 주인의 정성과 그 집의 고유한 정신이 깃든 우리의 전통'동이'에 초콜릿을 담았다는 뜻. 한국초콜릿연구소의 부설 교육 아카데미이기도 하다. 수제 초콜릿을 체험하고, 교육하고, 연구함으로써 고가의 수제 초콜릿이 마니아들만 즐기는 사치품이 아니라는 사실을 널리 알리고, 최고급 재료로 직접 만든 초콜릿을 통해 소중한 사람들에게 마음을 전하거나 함께할 수 있도록 해준다.

〈초코동이〉의 초콜릿 체험 교육은 일반 성인뿐만 아니라 어린아이부터 어른들까지 모임의 특징과 성격에 맞춰서 진행한다. 초콜릿 체험 외에도

취미반과 전문가반, 창업반 수업을 함께 진행함으로써 초콜릿 전문가 양성에 힘쓰고 있다. 한국초콜릿연구소와 관련한 R&D 사업에도 참여하여 한국 초콜릿 문화의 발전에 이바지하고자 노력하고 있다.

꿈과 상상의 나래를 펼치는 달콤한 초콜릿 여행, 〈걸리버초코여행(초콜릿마르)〉

대표 : 김지연

연락처 : 033 652 8800 / 010 8706 4266

네이버카페 : http://cafe.naver.com/chocolatemar

주소 : 강원도 강릉시 성덕로176번길 11-13

강원도 강릉에 있는 〈걸리버초코여행〉은 오염되지 않은 깨끗한 계곡과 시원한 바다 향기를 맡으며 사랑하는 가족이나 연인과 소중한 추억을 공유할 수 있는 특별한 수제초콜릿 체험장이다. 고급 수제초콜릿을 만들며 사랑하는 사람들의 건강도 챙기고, 온몸의 감각으로 초콜릿을 만져보고 먹고 만들면서 지친 몸과 마음의 여유를 되찾을 수 있는 달콤한 초콜릿 공방 걸리버초코여행으로 여러분을 초대한다.

통영 바닷가에서 즐기는 달콤한 휴식과 여유, 〈코코아씨〉

대표 : 양정윤

연락처 : 010 4388 0349

네이버 카페 : http://cafe.naver.com/cocoacci

주소 : 경상남도 통영시 정량동

〈코코아씨(Cocoacci)〉는 동양의 나폴리라 불리는 아름다운 통영 바닷가 앞에 위치한 아담한 공방이다. 수제초콜릿 체험뿐만 아니라 판매도 하는 공방 겸 카페로 커피도 함께 즐길 수 있다. 탁 트인 바다를 바라보며 달콤

한 휴식과 충전의 시간을 가질 수 있는 힐링 스페이스다.

나무와 초콜릿으로 힐링할 수 있는 쉼터, 〈더 초콜릿 그루터기〉

대표 : 이숙희

연락처 : 010 3453 6372

홈페이지 : http://cafe.naver.com/thechocolategrutergi

주소 : 충청남도 천안시 동남구 목천읍 교천지산길 386

〈더 초콜릿(The Chocolate) 그루터기〉는 "밤나무·상수리나무가 베임을 당하여도 그 그루터기는 남아있는 것같이"라는 성경의 한 구절에서 이름을 따왔다. 천안의 흑성산 기슭에 문을 연 이 공방은 각박한 아파트 생활에서 잠시 벗어나 나무와 초콜릿을 통해 힐링을 할 수 있는 쉼터를 제공한다. 초콜릿 체험 이외에도 야외 바비큐장을 무료로 이용할 수 있어 초콜릿 만들기와 더불어 풍요로운 추억을 쌓을 수 있다.

1. Where is it From?

The treat so loved worldwide has very humble beginnings. The cacao bean begins life inside a fruit, called a pod, on a tree in the tropics, primarily in remote areas of West Africa, Southeast Asia and Central and South America.

These delicate, flower−covered trees need much tending and, when farmed using sustainable methods, grow in harmony in tropical forests beneath other cash crops such as bananas, rubber or hardwood trees. Grown on small family farms, the beans leave cocoa farms by hand, in carts, on donkeys or rugged trucks to be sold to a local buyer and then to processors abroad.

Once in the factory, they are ground, pressed, heated and stirred to create luxurious chocolate.

(1) Cocoa tree

Chocolate comes from the cacao tree, which is formally known as *Theobroma Cacao*. Perhaps it's the temperament of this mother tree that gives chocolate some of its intense and exotic taste. Cacao trees flourish only in the hot, rainy tropics, in a swath 20 degrees north and south of the Equator.

Cacao trees are delicate plants that live in the understory of tropical forests and require other, taller trees to shelter them from wind and sun. These petite trees top out at 60 feet tall in the wild (although most grow only 20 to 40 feet high), shielded from wind and sun by hardwoods and other trees that stretch as high as 200 feet. See more about where cacao trees grow and how they are grown.

The cacao tree has large glossy leaves that are roughly the size of an outstretched human hand. Young trees have flashy red leaves, while mature trees are green.

This showy tree draws other plants to it. Moss and lichens cling to the bark, as do small orchids. *Theobroma Cacao's* own pink or white blossoms adorn the branches. Some of these pretty flowers turn into colorful fruits called pods, filled with sweet juice and bitter seeds. These seeds—the cocoa beans—form the heart of chocolate.

1) pods

The fruit of the cacao tree is a football—shaped pod that comes in various colors depending on genetics and degree of ripeness—green, yellow, orange, red, purple or maroon.

The pod ranges from eight to 14 inches long and grows directly from the tree's main branches and trunk, not from a stem like an apple does. The pod's outer covering can run the gamut from thin to thick, soft to woody, smooth to leathery to warty to ridged.

Inside each pod is sweet white pulp and juice—which can be used to make drinks with a sweet, mild flavor—covering 50 to 60 seeds.

Flowers

Before the pod can grow, however, the tree's flowers must be pollinated. These intricate pink or white flowers appear on the tree's trunk and main branches and are tiny—only about half an inch across. They have no scent. Insects such as a type of gnat called a midge pollinate them naturally, or a farmer can do so by hand. Of the thousands of flowers on each tree, only three to 10 percent will become fruit.

The same tree may have both cocoa flowers and fruit on it at any given time, as the tree bears fruit year round. Pods ripen after five to six months.

Varieties

The trees yield three main varieties :

- **Criollo:** Called the prince of cacaos, Criollo is a rare bean grown mainly in Central America and the Caribbean. Its pod is soft and thin and light-colored. Only a small percent of the world's cocoa comes from this fragrant bean.
- **Forastero:** More commonly found and more productive, Forastero trees have thicker pods and a strong chocolate taste. Most cocoa is of this variety, and it thrives in Brazil and Africa.
- **Trinitario:** This cross of Criollo and Forastero, which originated in Trinidad, is easily cultivated. It has smooth pods and flavorful beans.

Because the flowers cross-pollinate easily, a single tree usually has characteristics of more than one type, except under carefully controlled cultivation.

No Words to Describe It

Chocolate-lovers might think their favorite treat defies words—and botanists agree.

Debate surrounds what the pod is, botanically. Some say it is a fruit, and others a berry. Many choose the middle ground and call the fruit baccate, which means "like a berry," but the bottom line is that the pod doesn't fit into any existing categories.

Like chocolate, it's indescribable.

2) Beans

The 50 to 60 seeds that nestle in the pods' sweet juicy pulp are what we call cocoa beans.

If left to their own devices, the pods will not split open to spread the seeds, which measure about 20−40 mm long and 12−20 mm broad. The ever−dependent cacao tree needs a helping hand from other creatures to do that.

The seeds are so bitter that humans are the only ones who will eat them—and after much preparation, at that. But the promise of delicious pulp attracts birds, monkeys and other rainforest animals. They crack the pods, slurp the pulp and spit the seeds onto the ground. And voila—if all goes well, a new cacao tree sprouts. The temperamental cacao tree, however, can be difficult to grow. In practice, most new trees are hand−planted or grafted from existing ones by human hands.

Harvesting the Beans

Following a tradition of more than a thousand years, workers harvest the beans by hand—very carefully. They cannot climb this fragile tree with its soft bark and shallow roots. Instead, they use mallets or machetes to slice off the lower pods and long−handled mitten−shaped steel knives to snip the higher ones.

The trees produce fruit all year, so a farmer needs a practiced eye to know which pods are ripe; typically, they are yellow or orange. Harvest takes place twice a year, with the main harvest in the fall and a lighter harvest in spring. Harvest time varies somewhat depending on the year's weather patterns.

After gathering the pods, a farmer splits each one with a mallet or machete to expose the pod's soft center. A skilled breaker can open 500 pods in an hour. Next, the farmer scoops out the white pulp and slips out the seeds, which quickly turn purple in the open air. At this point, the seeds do not look or smell like chocolate.

Fermenting and Drying the Beans

Fermenting is where this seed first begins to take on the qualities we recognize as chocolate. This step dries the beans and tames their bitter taste.

After removing the seeds from the pods, farmers place them into large wooden boxes or rake them into piles or heaps, then cover them with banana leaves. The seeds ferment, heating as high as 125 degrees Fahrenheit both from sun and from the chemical changes taking place. During this yeasting process, the seeds' sugars convert to acid, primarily lactic and acetic acids, and enzymes break down the bitterness and produce important chocolate flavor precursors.

After two to eight days, the seeds change from purple to rich brown cocoa beans. To preserve them for shipment, they are moved onto trays or mats and left to bask in the sun to dry. If rain or humidity is an issue, the beans will be moved into a covered structure or blown dry with hot air.

Over the next several days, the beans lose nearly all their moisture and nearly half their weight. Farmers sift through them during this time to remove broken or germinated beans or foreign matter.

Next, they take the beans to collection sites, where their beans join other farmers' beans in burlap sacks weighing 130 to 200 pounds. These sacks are sent to shipping centers, and the beans begin their journey to chocolate factories worldwide.

(2) The Tropics

The cacao tree, *Theobroma Cacao*, is a tropics—only kind of tree, and its growing range hugs the Equator.

Nearly all cacao grows within 20 degrees of the Equator,
   with 75 percent hailing from within 8 degrees of either side.

Cacao trees grow in three main regions:
- West Africa
- South and Central Americas
- Southeast Asia and Oceania

Top—producing cocoa countries include the following:
1. Côte d'Ivoire / Ivory Coast
2. Ghana
3. Indonesia
4. Nigeria
5. Cameroon
6. Brazil
7. Ecuador

Chocolate is full of mysteries, and the cacao tree's birthplace remains one of them.

While scientists agree the tree originated in South or Central America, the exact location eludes them. Some believe it first grew in the Amazon basin of Brazil. Other scientists point to the Orinoco Valley of Venezuela, while still others root for Central America.

Others propose an enigmatic tale and posit that the Olmecs, the first known people to eat cacao, brought the tree from their original homeland, and that this unknown location may have disappeared under the sea.

(3) The Farm

For the most part, cacao is grown by hand on family-run farms as small as two and one-half acres apiece. (See more about family life and economics on cocoa farms.)

One of the first steps in cacao growing is to plant the tiny trees. Most start off life in a fiber basket or plastic bag, as seeds from high-yielding trees. The seedlings usually shoot up quickly, and after a few months they are ready to be transplanted, container and all. They will need at least three—and usually five—years of pruning and pampering to produce pods filled with cocoa beans.

The delicate cacao tree prefers to grow far beneath the protective leaves of other trees. (Learn more about the cacao tree and its likes and dislikes.) It can grow in full sun, which can provide immediate financial benefits to farmers—but with substantial risks.

Fortunately, most of today's cacao farms practice sustainable methods of growing cacao under the shade of taller trees.

Get a taste of this section:
- **Sun or Shade:** How do these growing methods differ?
- **Sustainable Methods:** What does a sustainable cacao farm look like?

1) Sun or Shade

Cacao trees prefer to live a sheltered life, hidden under the canopy of taller trees such as rubber trees, breadfruit, laurel and various legumes. Especially in the first two to four years of life, cacao trees require deep shade. To make their farms most productive, farmers often grow cacao trees under food crops such as banana, plantain, coconut, cocoyam or hardwood trees. Learn more about the cacao tree.

As the trees begin to mature, however, they can grow in full sun if given proper conditions and intensive care. Plantations of cultivated trees usually are in valleys or coastal plains. They must have evenly distributed rainfall and rich, well—drained soil.

To grow cacao in the sun, the farmers simply remove the trees shading the young cacao. Sun plantations produce more cocoa than shade farming methods, but with tradeoffs.

As a result, many cocoa farmers are using sustainable farming techniques, many promoted by the global chocolate and cocoa companies.

2) Sustainable Methods

In addition, "shade cacao" farms host the creatures that naturally pollinate cacao, as well as those that feast on cacao pests, and the farms maintain the natural systems that keep the soil fertile. As a result, the farmer does not need to buy or apply chemical pesticides or fertilizers. Animals also do well within a biologically diverse tropical forest, and farmers may rely on some of them for food. See more about the economics of shade cacao farming.

Environmental Benefits

Because of its need for specific growing conditions, 75 percent of all cacao is grown within 8 degrees of the Equator, affecting some of the most biologically diverse areas on the planet. The volume and value of cacao grown each year means that this crop can have a large effect on rainforests. More demand for agroforestry means more conservation of rainforest.

Fortunately, wildlife thrives in shade cacao farms, almost as much as in natural rainforest. These farms act as a buffer zone between rainforest and developed area, supplying habitat for toucans and Amazonian parrots. While sun plantations can disrupt migration patterns, shade cacao farms support migrating birds, such as wood thrushes, scarlet tanagers, Baltimore orioles and more. Shade cacao also can establish corridors that let animals move between forests, permitting more interaction and creating more biodiversity.

Farming Methods

Because of their fragile nature, cacao trees are especially susceptible to disease. Most common are fungi that rot the pods, such as witches broom, black pod and frosty pod rot. The pods are also vulnerable to pests like the cocoa pod borer, a moth larvae that infiltrates the pods.

Simple eco-friendly bio-control measures are being used to save the crop and coax the best cacao from the trees.

"Machete technology" involves walking the orchards each week with a knife, harvesting ripe pods and, to stop disease from spreading, cutting off sickly pods. Weeding, thinning the canopy and controlling its height, and pruning are also effective.

Farms may enforce breaks in pod production and bury pod husks to prevent larvae hatchings or remove the soil tunnels that ants build on the trees' trunks, because both soil and ants carry the fungi.

Through other bio-control measures, farmers can introduce a beneficial organism to prevent or reverse disease naturally. In one example, researchers are studying a fungus that could combat monilia pod rot, which destroyed much of Costa Rica's cocoa trees in the 1980s.

Grafting trees, creating hybrids or planting varieties with higher resistance to pests and diseases can produce healthier trees and higher-quality cacao while lowering a farmer's need for pesticides. See how the industry and its partners are helping farmers grow cacao safely and sustainably.

(4) The Factory

While details differ, most manufacturers follow the same general process to turn cacao seeds into scrumptious chocolate.

No matter what the step, professionals at the factory take and test samples to ensure the chocolate meets or exceeds safety and quality standards. Computers control temperatures, air moisture content, length of processing steps and more to ensure each batch is consistent and high quality.

Employees thoroughly clean the equipment and manufacturing environment daily, following stringent sanitation programs.

All chocolate manufacturers must meet standards set by the U.S. Food and Drug Administration that govern manufacturing formulas. These standards set minimum percentages of ingredients for various kinds of chocolate and govern which flavorings may be used.

Get a taste of this section:

- **Roasting and Pressing**: What two products do you get from pressing cocoa beans?
- **Conching**: What is conching—and how does it make chocolate delicious?
- **Packaging**: How is chocolate shipped?

1)Roasting and Pressing

Cocoa beans arrive at the chocolate factory in burlap sacks. Their processing has already begun, since the farmer fermented and dried them. Before they can enter the manufacturing facility, they must be inspected and approved as part of a stringent quality control process, just like all raw materials.

Workers also catalogue each shipment of cocoa beans, recording their variety and region of origin. Only in that way can the chocolate—maker control the flavor of each mix of beans. In the science and art of chocolate—making, beans must be blended precisely to achieve the desired flavor of each product—and the consistent flavor that the consumer expects.

Once pedigreed and approved, the beans are cleaned in a machine that takes off dried cacao pulp, pieces of pod and any other bits of matter that may have joined the journey to the factory.

Roasting

Next, workers load the beans into large cylinders for roasting. The beans spend anywhere from half an hour to two hours in heat of 250 degrees Fahrenheit or higher. The length and temperature of the roasting step varies with the kind of bean and the kind of taste the manufacturer wishes to create.

As the beans rotate and dry inside the cylinder, their brown color deepens, and their chocolate aroma intensifies.

Grinding

Grinding

The part of the bean needed to make chocolate is the meat inside, called the nib. To extract it, the newly roasted beans are quickly cooled, then sent through a "cracker and fanner" that splits the thin brittle shells and blows them away from the nibs. Mechanical sieves catch the broken pieces and sort them by size.

Next, the nibs ride to the mills, where they are ground—in the same process used since the time of the ancient Olmecs. Only now, the beans are crushed mechanically between large grinding stones or heavy steel discs. Modern mills produce so much pressure and friction that the cocoa butter, the natural fat inside them, melts.

The newly liquefied beans are called chocolate liquor, but no alcohol is involved. The term simply means "liquid." The liquor is poured into molds and, when it hardens, is plain unsweetened chocolate.

If not destined to be sold as baking chocolate, this unsweetened concoction is made into one of three different products, using two different processes:

• **Cocoa Powder and Cocoa Butter:** By pressing it, to separate the two
• **Eating Chocolate:** By mixing it with extra cocoa butter, sugar and other ingredients.

Pressing

Pressing

To produce cocoa powder and cocoa butter, the unsweetened chocolate is pumped into giant hydraulic presses that weigh up to 25 tons. Under pressure—up to 6,000 pounds per square inch—the cocoa butter becomes a yellow liquid that drains away through metallic screens and is collected for later use. What remains is a dry, pressed brown cake that is cooled, pulverized, sifted and sold as cocoa powder.

More About Cocoa Butter

Cocoa butter has high importance for the chocolate industry. It is unique among fats because it is a solid at normal room temperature and melts at 89 to 93 degrees Fahrenheit, which is just below body temperature. This property gives chocolate its unique melt-in-your-mouth quality. Unlike dairy butter, cocoa butter is extremely homogenous and melts evenly at the same temperature.

It's also a practical ingredient, because it resists oxidation and rancidity. Under normal storage conditions, cocoa butter can be kept for years without spoiling.

More About Cocoa Powder

While the pressing process removes most of the cocoa butter from chocolate liquor, a small amount of the natural fat remains in cocoa powder. Cocoa that is packaged for sale to grocery stores or put into bulk for dairies, bakeries and confectionery manufacturers may have cocoa butter content of 10 percent or more.

Dutch (or dutched) cocoa, also known as alkalized cocoa, is darker than other cocoa powder and has a slightly different flavor. Manufacturers treat it with an alkali, often potassium carbonate, to bring about these characteristics. Many baking applications call for the use of Dutch cocoa for these reasons.

2) Conching

The next step in chocolate-making is to mix all the ingredients together and smooth them into America's favorite sweet.

To make eating chocolate, factory workers combine the unsweetened chocolate, known as chocolate liquor or ground nibs, with extra cocoa butter for added flavor and a luscious mouthfeel. The extra helping of cocoa butter also makes the chocolate more fluid. This extra serving goes into all kinds of eating chocolate, from dark to bittersweet to milk. (White chocolate is only cocoa butter, plus milk solids, sugar, lecithin and flavorings.)

A few other ingredients go in the vat as well—sugar, lecithin and vanilla, plus milk for milk chocolate. (See more about ingredients and kinds of chocolate). Then the stirring begins.

The ingredients are melted and turned in a large mixer until they gain a dough-like consistency. Next, the mixture travels through a series of heavy rollers stacked one atop the other. These rollers grind it yet again, refining it to a smooth paste ready for conching.

The conching machine kneads the paste for anywhere from a few hours to a few days. The conches have heavy rollers that can produce different degrees of agitation and aeration. This process strongly affects the final flavor and texture of the chocolate.

Some manufacturers either replace or supplement conching with an emulsifying machine that works like an eggbeater to break up sugar crystals and other particles. This step lends a fine, velvety smoothness.

Then the chocolate is tempered—stirred while heated, cooled and reheated. Tempering affects the way cocoa butter crystals form, and it determines how hard, shiny and glossy the final chocolate will be.

3) Packaging

At last, the chocolate is poured into molds of all shapes and sizes, from bite-size minis to 10-pound blocks used by confectioners.

The liquid chocolate also may be used to "enrobe" or coat candies with centers of caramel, cream, nougat or nuts. To do so, centers are placed on a wire conveyor belt and passed under a thin waterfall of warm chocolate.

The cooling process is taken seriously because it can affect the chocolate's final flavor, and molded or enrobed chocolates to go a climate-controlled cooling chamber.

The cool bars are then popped from the molds and passed to a machine that wraps them with precision. They then roll down the production line to join a waiting case. Workers ship the cases to distributors, confectioners and retail stores throughout the country.

What about food manufacturers, who may make ice cream or cakes or frostings with syrup? Those can be shipped as liquid chocolate. Manufacturers may also take it in the form of coatings, powders and flavorings that infuse their treats with America's most popular flavor.

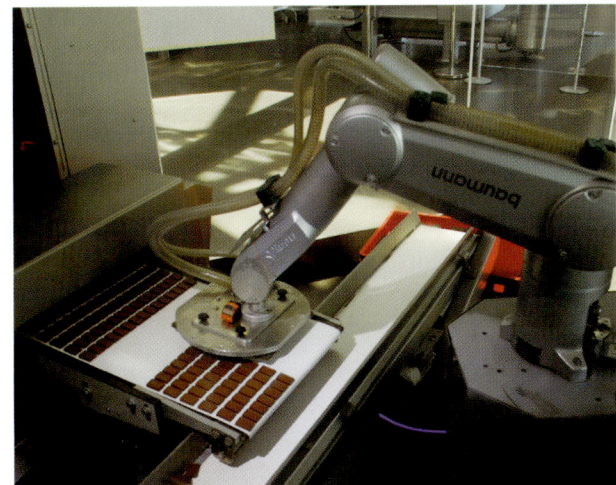

2. What Is It?

Chocolate grows on trees.

The cocoa "beans" that form the basis of chocolate are actually seeds from the fruit of the cacao tree, which grows near the Equator. The seeds grow inside a pod—like fruit and are covered with white pulp.

How is chocolate made? To make chocolate, cocoa farmers crack open the pods, scoop out the seeds, ferment them and dry them.

The beans are shipped to factories, where manufacturers inspect and clean them, then roast and grind them into a paste called chocolate liquor. More pressing, rolling, mixing with sugar and other ingredients, and heating and cooling yields delicious chocolate.

Get a taste of this section:

- **Ingredients:** What's in chocolate, anyway?
- **Kinds:** How do milk and dark differ—and is chocolate liquor a drink?
- **Health and Chocolate :** If chocolate comes from fruit, does that mean it's healthy?

(1) Ingredients

Chocolate is a natural product made of these ingredients:

- **Chocolate Liquor:** Cocoa beans with their shells removed that have been fermented, roasted and ground until they liquefy. This liquid is made up of cocoa butter and cocoa solids; both are naturally present in the bean.

- **Cocoa Butter**: Natural fat from the cocoa bean; extra cocoa butter enhances chocolate's flavor and mouthfeel.
- **Sugar**
- **Lecithin**: An emulsifier, often made from soy, that makes the ingredients blend together.
- **Vanilla or vanillin and other flavors.**

It also may include

- **Milk**: For milk chocolate.
- **Fruits, Nuts and other Add−ins**: For specialty chocolates.

(2) Kinds

The Basics:

There are three main kinds of chocolate:

- **Dark Chocolate**: The bare essentials.

  Dark chocolate is simply chocolate liquor (the centers of cocoa beans ground to a liquid), extra cocoa butter, sugar, an emulsifier (often lecithin) and vanilla or other flavorings. Dark chocolates may contain milk fat to soften the texture, but they do not generally have a milky flavor.

  Dark chocolate also is known as semi−sweet chocolate. Unsweetened chocolate, or baking chocolate, is 100 percent chocolate liquor and is typically very bitter and astringent.

  Darker chocolates often have a higher percent cacao, which means they have a higher proportion of cocoa beans in them than other chocolates do. See more about percent cacao and how it affects a chocolate's taste.

- **Milk Chocolate**: All of the above, plus milk solids.

  Surprisingly, sweet and creamy milk chocolate isn't usually made with cold, frothy milk. It's usually made with dry milk solids, which look like powdered milk. Milk chocolate has at least 10 percent cocoa liquor by weight, and at least 12 percent milk solids. It's the most common kind of eating chocolate.

- **White Chocolate:** Cocoa butter takes center stage.

White chocolate features cocoa butter—think milk chocolate minus the cocoa solids. In addition to the cocoa butter, sugar, milk solids, lecithin and vanilla, white chocolate may contain other flavorings. It has at least 20 percent cocoa butter, 14 percent milk solids, and no more than 55 percent sugar.

The Details

Want to know more? Here's a quick guide to other terms you might see.

- **Baking Chocolate:** Chocolate liquor, served straight up, is all that's in baking chocolate. Its bitterness comes from pure nibs, the finely ground centers of roasted cocoa beans. Also called unsweetened chocolate, it has no sugar and is used often in dessert recipes with sugar as a separate ingredient. All other chocolate is called eating chocolate.

- **Bittersweet Chocolate:** The darkest of eating chocolate, bittersweet has the highest percentage of chocolate liquor and may contain extra cocoa butter. Both bittersweet and semi–sweet chocolate must contain at least 35 percent chocolate liquor, but bittersweet usually contains at least 50 percent cacao. Chocolates in this range are often referred to as dark chocolate.

- **Cacao and % Cacao:** Pronounced "kuh–KOW" or "kuh–KAY –oh", cacao represents the three ingredients derived from a cocoa bean—chocolate liquor, extra cocoa butter and cocoa powder. The % cacao refers to the total amount of these ingredients contained, by weight, in the finished product. See more about cacao percentages.

- **Chocolate–Flavored Coating:** These coatings may contain chocolate liquor and/or cocoa powder, but use vegetable fats to supplement or replace cocoa butter. While often used to cover confectionery or ice cream products, they can be molded into solid bars or shapes. While coatings made with vegetable fats cannot be called "chocolate," they may legally use the claim "made with chocolate" if they are made with chocolate liquor, since U.S. regulations consider "chocolate" and "chocolate liquor" as synonymous.

- **Chocolate Liquor:** Grinding the nib, or center, of a cocoa bean into a smooth, liquid state produces what's called chocolate liquor—also called chocolate mass, cocoa mass, cacao mass and cocoa paste. According to U.S. regulations, chocolate liquor may also be called chocolate, unsweetened chocolate, baking chocolate, or bitter chocolate. An essential part of dark and milk chocolate, this ingredient with the many names does not contain alcohol, or vegetable fat.

- **Chocolate Mass:** Another name for chocolate liquor (above).

- **Cocoa Beans:** The source of all things chocolate, cocoa "beans" are actually seeds from the fruit of Theobroma cacao, a tree native to the tropical Amazon forests that is now grown commercially worldwide within 20 degrees latitude of the Equator. Approximately 20 to 40 seeds cluster inside football—shaped pods and are covered by sweet white fruit pulp.

- **Cocoa Butter:** Cocoa butter is the fat naturally present in cocoa beans. It melts just below body temperature, giving chocolate its unique mouthfeel. The nibs, or centers of the cocoa beans, are 50 to 60 percent cocoa butter. There is no connection to dairy butter.

- **Cocoa or Cocoa Powder:** Comes from pressing chocolate liquor, the liquid that comes from grinding the nibs or centers of cocoa beans, to separate out of the cocoa butter. What's left are the chocolate solids, called press cake. The press cake is then ground, becoming the dry cocoa powder used in hot cocoa mixes and baking. Under U.S. regulations, "cocoa" and "cocoa powder" can be used interchangeably.

- **Cocoa Solids:** Chocolate liquor without most of the cocoa butter—the ground nibs, or centers of cocoa beans, with the cocoa butter pressed out. Cocoa solids, sometimes called chocolate solids, often are ground into cocoa powder.

- **Dutch (or Dutched) Process:** While being ground into chocolate liquor and pressed into cocoa powder, nibs may be treated with an alkaline solution to neutralize acidity. This process darkens the color of the cocoa and produces a milder chocolate flavor. When treated cocoa is used in a food product, the terms "dutched" or "alkalized" are included on the ingredient declaration for products sold in the U.S.

- Nib: The nib is the center or meat of the cocoa bean. Roasted or unroasted cocoa beans are cracked mechanically to break off the cocoa bean shells and expose the nibs. See more about how chocolate is made.

- Organic Chocolate: Chocolate grown without agricultural chemicals and meeting USDA Organic requirements. See more about certifications.

- Raw Chocolate: Raw chocolate is made from unroasted cocoa beans. See recommendations on raw chocolate from the National Confectioners Association.

- Semisweet Chocolate: Like bittersweet chocolate, semisweet chocolate is required by U.S. regulations to contain at least 35 percent chocolate liquor. Generally, semisweet chocolate contains 35 to 45 percent chocolate liquor. Semisweet chocolate is often referred to as dark chocolate.

- Sweet Chocolate: Sweet chocolate is a combination of chocolate liquor, cocoa butter and sugar containing at least 15 percent chocolate liquor.

- Unsweetened Chocolate: The same as baking chocolate (above).

Ready to try some? Learn how to taste it and how to understand a label.

(3) Health and Chocolate

Sure, chocolate tastes good—but is it good for you?

Chocolate has been an enjoyable part of people's diets and has been used as medicine by various cultures throughout the ages. In recent years, scientific evidence has begun to indicate that the nutrients, phytonutrients and fatty acids found naturally in cocoa may be associated with a lower risk of cardiovascular disease. These effects have been attributed to flavanols, which are natural compounds that occur in a wide range of fruits and vegetables and have been extensively studied in cocoa.

Over the past decade, studies examining the eating patterns of adults and their overall health over the course of several years suggest that those who regularly included cocoa products and chocolate in their diets maintained better cardiovascular health.

Over the past five years, in various studies that examined the cocoa and chocolate eating habits of over 90,000 adults of mixed ages, ethnicities and genders over the course of multiple years, individuals who reported eating chocolate on some regular basis were less likely to develop a range of cardiovascular problems. Findings included a reduction in overall mortality and blood pressure. For more on these studies, see Taking Chocolate to Heart: For Pleasure and Health from the National Confectioners Association.

Though these studies cannot prove that eating chocolate caused these benefits, these large population studies do support that chocolate can be included as part of a heart—healthy diet.

Furthermore, even the 2010 Dietary Guidelines Advisory Committee (DGAC) Reportfrom the U.S. Department of Agriculture and U.S. Department of Health and Human Services, which is considered the premier governmental source on nutritional guidance, identified moderate evidence to support that modest consumption of dark chocolate or cocoa, as part of a balanced diet, is associated with a reduced risk of cardiovascular disease.

Studies also indicate that chocolate and other cocoa products may help contribute to feelings of wellbeing. Of course, the tie between chocolate and happiness was obvious already, wasn't it?

While this news is good, it isn't license to power through that box of chocolates. The best approach is to manage calories and balance the cocoa products in an overall diet.

Get a taste of this section:

- **Flavanols:** Are they your friend?
- **Stearic Aci:** What's special about this fat?
- **Wellbeing:** If a little chocolate is good, can more be better?

1) Flavanols

While chocolate may not first come to mind as a plant–based food, it originates from a fruit seed. The seed naturally has a range of nutritional components, such as copper, zinc, iron and fiber, and these get passed along to cocoa–based products like chocolate. The raw cocoa seed also is naturally abundant in flavanols, which with careful handling also can make their way into chocolate.

These potent compounds are found in a wide range of plant-based foods, including tea, apples, grapes and red wine. In recent years, flavanols have been widely studied for their impact on health.

Chocolate, Flavanols, and Health

Emerging science from human studies provides support that the flavanols naturally present in cocoa may have important cardiovascular effects. For example, the 2010 Dietary Guidelines Advisory Committee Report from the U.S. Department of Agriculture and U.S. Department of Health and Human Services identified moderate evidence to support that modest consumption of dark chocolate or cocoa, as part of a balanced diet, is associated with a reduced risk of cardiovascular disease.

In addition, a number of intervention studies that lasted from one day to 18 weeks have demonstrated that eating flavanol-containing chocolate and cocoa products can improve the cardiovascular system's function, make platelets less prone to form clots and improve markers of inflammation. In addition, research suggests that regularly eating products rich in cocoa flavanols can lower blood pressure. For more on these studies, see Taking Chocolate to Heart: For Pleasure and Health from the National Confectioners Association.

Because the science in this area is still emerging and the vast majority of studies have been conducted using special cocoa-powder-based products, it is not possible to make specific recommendations on how much chocolate or cocoa to eat, or what type.

While these studies do not prove that chocolate is a "health food" and do not give reasons to overeat it, they do lend support for the idea that by managing calories and diet, small amounts of favorite chocolate treats can be enjoyed as part of a balanced, heart-healthy diet and lifestyle.

Finding Chocolates with Flavanols

It's a myth that darker chocolates always have the most flavanols. Dark chocolate does contain more chocolate liquor than milk chocolate; however, flavanol contents vary considerably depending on the bean's journey through all stages of chocolate production.

Though flavanols are abundant in the fresh, raw cocoa seed, how the seed is handled from tree to finished chocolate matters a great deal. Through conventional handling and common manufacturing processes such as fermentation, drying, roasting and alkalization, the natural flavanol components are readily destroyed.

Because of these variables, the cacao percentage marked on a chocolate's label isn't a reliable guide to flavanol amounts. Though darker may be better for a deep chocolate taste, it does not guarantee a higher flavanol content.

2) Stearic Acid

Much of chocolate's smoothness comes from cocoa butter, which is the naturally occurring fat in chocolate. Milk chocolate will also contain a small amount of fat from milk ingredients.

Cocoa butter is not a dairy product; it is pressed out of the cocoa bean itself. (See what cocoa butter is, then see how it's made.) Cocoa butter contains a mixture of saturated and monounsaturated fats.

Stearic acid is the primary saturated fat in cocoa butter, accounting for about one-third of cocoa butter's total fat and more than half of its saturated fat. The remaining saturated fat is primarily palmitic acid. Oleic acid is the primary monounsaturated fat in cocoa butter.

Stearic acid does not raise LDL cholesterol levels like other saturated fats and trans fats do. For this reason, the 2010 Dietary Guidelines Advisory Committee Report recommends that stearic acid not be categorized with known "cholesterol-raising" fats, including other saturated fats and trans fats. Because of cocoa butter's rich stearic acid content, more than half of the saturated fat in chocolate does not raise blood cholesterol levels.

A recent review of epidemiologic and clinical studies looked at what happened to blood LDL cholesterol when stearic acid was substituted for other types of fats, including trans fats. Results indicate that compared to other saturated fats, stearic acid lowered LDL cholesterol levels, was neutral with respect to HDL cholesterol, and lowered the ratio of total—to—HDL cholesterol.

The review also concluded that replacing trans fats with stearic acid, compared to other saturated fats in foods that require solid fats, showed a decrease or no effect on LDL cholesterol levels.

For more on chocolate and stearic acid, see Taking Chocolate to Heart: For Pleasure and Health from the National Confectioners Association.

As with many things, moderation is key. Yet these studies suggest that modest consumption of chocolate, when balanced with total calories and fat eaten, can be part of a healthy diet.

3) Wellbeing

This may come as no surprise: Studies have confirmed that chocolate may be associated with feelings of wellbeing.

Researchers studying a group of more than 1,200 elderly men found that those who preferred chocolate had better subjective health, optimism and feelings of happiness than other candy consumers, as well as lower body mass index and waist circumference. In addition, behavioral research suggests that learning how to work favorite foods, such as chocolate, into a diet may help people achieve and sustain healthy eating behaviors.

Now for the big question: How much of it can you eat as part of a healthy diet? Research provides a guide. In one recent study where a sweet snack was consumed daily as part of discretionary calories, the snack did not inhibit positive changes in body weight and body fat percentage. Behavioral research suggests that learning how to include favorite foods, such as chocolate, may play an important role in achieving and sustaining healthy eating behaviors. For more on chocolate and wellbeing, see Taking Chocolate to Heart: For Pleasure and Health from the National Confectioners Association.

Even with the encouraging studies, chocolate remains a calorie—dense food. However, if you bear that in mind, balance calories and maintain a healthy lifestyle, you can feel good about eating modest amounts of chocolate.

These tips can help:

- **Count Calories:** Because chocolate is a calorie—dense food, a little goes a long way. Balance the calories in chocolate by cutting calories in other treats.
- **Pair It:** Eat chocolate with other foods, such as fruit or pretzels, to complement flavors while enjoying smaller amounts.
- **Explore It:** Enjoy the variety of flavor experiences from chocolate, available in a range from light to very dark, and try new and exciting flavors and fillings.
- **No Scarfing:** To appreciate the complex flavors in chocolate, eat it slowly and take the time to savor every bite.
- **Save Yourself:** To stick to modest portions, plan ahead and buy chocolates that can be portioned or are individually wrapped.

3. Who Depends On It?

Humans' love affair with chocolate began at least 4,000 years ago in Mesoamerica, in present-day southern Mexico and Central America, where cacao grew wild. When the Olmecs unlocked the secret of how to eat this bitter seed, they launched an enduring phenomenon.

Since then, people around the world have turned to chocolate to cure sickness, appease gods, show love, buy rabbits, fete holidays, survive fasts, ward off scorpions and sustain warriors.

In fact, the making of chocolate has evolved into an industry so large that 40 to 50 million people depend on cocoa for their livelihoods—and chocolate farmers produce 3.8 million tons of cocoa beans per year.

Get a taste of this section:

- **Past:** Who has used cacao throughout the ages—and how?
- **Present:** Who still uses chocolate for medicine and rituals? And whose livelihoods are tied to this bean?

(1) Past

Just as the exact origins of the cacao tree are still in question, so are the exact beginnings of humans' relationship with this delectable food.

Archaeologists know that humans tasted chocolate at least 4,000 years ago in

Mesoamerica, amidst abundant cacao forests. But the cacao of the ancients was very different from today's chocolate.

For many centuries, chocolate was a bitter drink. Made from cacao nibs, it was akin to modern–day baking chocolate mixed with water. Some cultures drank it cold and some hot.

The ancients added flavorings such as allspice, cinnamon, chili powder and vanilla. They may have mixed in maize or sweeteners such as honey, agave syrup or cactus.

Then they poured the drink, either from a height or back and forth, to produce a froth—and drank the foam that rose, because it was closest to heaven.

Get a taste of this section:

- **Ancients in Mesoamerica:** How did they use this bitter beverage?
- **Europeans:** Who introduced milk and sugar?
- **Americans:** How popular was chocolate in the colonies?

1) Ancients in Mesoamerica

Where the Equator cuts through the Americas, ancient peoples discovered cacao and revered it, using it to carry out rituals and to heal their bodies.

The Olmecs (1500 B.C. to 100 B.C.+)

The Olmecs, famous for carving colossal stone heads, were the first people known to process and eat cacao beans, which they called kakaw.

As did other ancient cultures, the Olmecs drank their cacao. Residue left in a small bowl in 1800 B.C. at Paso de la Amada in southern Chiapas, Mexico, provides the earliest evidence of cacao use known today.

What's most interesting is that the Olmecs figured out how to eat cacao at all. Animals simply spat out the hard, bitter seeds, lending no clue to the mysteries inside. The Olmecs had a better idea. They devised the fermenting, drying, roasting and grinding process that remain the basis of today's chocolate production, which took extensive knowledge of food science and biochemistry. They then passed this knowledge down to the Mayans.

Mayans (1800 B.C. – 1500 A.D.)

Perhaps the first chocoholics, the Mayans were open about their love for cacao. They wrote about cacao as "the food of the gods," carved the shape of the pods into their stone templates, painted people drinking cacao into their artwork, hired artists to decorate elaborate drinking vessels, placed those vessels in tombs and even used the beans in human sacrifice. They also grew cacao trees, planting them in their household gardens.

While some debate exists, many scholars believe that Mayan cacao was reserved for the elite, government officials and warriors. Used in royal ceremonies and religious ones, such as marriage, cacao even appears in the sacred Mayan book the Popol Vuh. The Mayans also used cacao for medicinal purposes.

So that they could eat cacao at all times, the Mayans also created an on-the-go form by packing it tightly with cornmeal into small round slabs. Warriors carried these snacks, which their enemies envied and stole.

Southwestern Americans (1000–1125 A.D.)

The early Mesoamericans didn't keep cacao a secret. Instead, they traded it to their neighbors living many miles to the north.

Pottery fragments show that sometime between 1000 and 1125 A.D., people living in northwestern New Mexico's Chaco Canyon drank cacao from cylindrical jars believed to be used for rituals. At the time a cacao drink coated these jars, the closest cultivated cacao grew in central Mexico.

A Mayan image shows a woman pouring cacao between cylinder jars, possibly to froth it as was her culture's custom. Archaeologists know that other Mesoamerican

The Chocolate

items such as copper bells, cloisonné and Scarlet Macaws found their way to the American Southwest. The Chaco Canyon jars mark the first known use of cacao drinks north of the Mexican border—and indicate that the Mesoamerican rituals spread to the area as well.

Because cacao is not native to the area, the knowledge of how to prepare and use it would have been imported along with the beans—and having that knowledge may have bestowed prestige to those in charge of the cacao.

In fact, some experts wonder if those individuals' ability to obtain objects and rituals from Mesoamericans helped to spur Chaco Canyon's growth.

Aztecs (1420 A.D. – 1520 A.D.)

While the Aztec royals continued the tradition of drinking cacao at ceremonies, they could not grow it in the seat of their empire at Tenochtitlán, in the central highlands of Mexico. As such, they too traded for it, with their southern neighbors the Mayans and others.

Aztec rulers also demanded that their tributes, an early form of taxation paid by citizens and those they conquered, be paid in cacao. In the communities themselves, cacao seeds were used as currency, traded at the market and kept locked up. A rabbit cost between four and 10 beans, a mule was worth 50 and a turkey hen went for 100.

In fact, cacao was so valuable in early times that it was counterfeited. People would hollow out the pods, fill them with dirt and pass them off as newly harvested.

Believing that the god Quetzalcoatl brought the cacao tree to them, Aztecs also used the beans as offerings to the gods. For certain rituals, they added achiote from the annatto tree to turn their cacao red—and signify blood. The Aztecs also are said to have used chocolate to calm those who were about to become human sacrifice.

2) Europeans

When the Spaniards arrived, the Mesoamericans were busily drinking cacao. They were so besotted by this drink, in fact, that they proudly shared it with company. In 1519, the Aztec emperor Montezuma served some to his new guest, the conquistador Hernando Cortes. The Aztecs thought that Cortes was the reincarnation of an exiled god-king. Instead, he had come calling to find rumored Aztec gold, and within three years he brought down the Aztec empire.

The Spanish

Cortes brought cacao home to Spain in 1529, according to many scholars. He was not the first to do so. Nearly 30 years prior, Christopher Columbus had presented cacao beans from the Caribbean to King Ferdinand and Queen Isabella as a curiosity, and nobody considered them further.

Yet Cortes did his homework and sweetened the cacao drink for Spaniards, adding copious amounts of sugar that was unavailable in Mesoamerica. Before sailing home, he also planted cacao trees in the Caribbean.

Unlike the Mesoamericans, the Spaniards kept their discovery on the hush. For nearly 100 years, Spanish aristocrats secretly sipped this new delicacy. They also continued to experiment, adding cinnamon and vanilla to the sugar and serving it steaming hot. As the drink gained popularity, the Spanish planted more cacao trees in its colonies in Ecuador, Venezuela, Peru and Jamaica.

Other Europeans

Soon after the Spanish opened their first cocoa processing plant, in 1580, news of cacao got out. As with much chocolate history, different theories abound. Some say the monks tasked with processing the cacao beans broke the silence and whispered to their French counterparts. Some point to the 1615 marriage between Anne of Austria, daughter of King Philip III of Spain, and King Louis XIII of France, saying she gave him chocolate as a wedding gift.

Regardless of who spilled the beans, as it were, cacao use spread across Europe—the earliest to France and Italy. Amsterdam later rose as an important cocoa shipping port. Chocolate found favor in royal courts and in the Catholic Church, which decided to let people drink chocolate during fasts. The first English chocolate house, similar to today's coffee houses, opened in London in 1657, and chocolate houses in Florence and Venice gained notoriety in the early 1700s.

The Europeans also used cacao for medicinal purposes, to cure stomachaches and other ailments, as is still done in some cultures today.

As chocolate's popularity rose, even more clever minds began thinking of ways to use this mysterious food—a welcome alternative to the coffee and tea people drank every day to avoid unsafe water. This increased brainpower, coupled with the invention of machinery, quickly churned out many improvements for chocolate—lovers.

Chocolate for the Masses

While Europeans had been using wind or horses to power mills to grind cacao, hydraulic and steam—driven chocolate mills that produced chocolate faster were invented in the early 1700s in France. Not long after, cocoa prices dropped, and chocolate transitioned to a little luxury nearly everyone could afford.

Another milestone came in 1828 when the cocoa press was invented—and with it, cocoa butter and cocoa powder. The cocoa press lowered prices further, it made hot chocolate smoother and it paved the way for solid chocolate.

More European Firsts

- **Chocolate Bars:** An English company, Joseph Fry &Sons, was the first to market a chocolate bar, in 1847. To do so, these early chocolatiers added to cocoa powder some melted cocoa butter and sugar—a vast improvement over the coarse-grained chocolate that had been the norm. In 1879, Rudolph Lindt unveiled his conching machine, curved like a conch shell, which ground the nibs finely and smoothed chocolate to a greater degree.

- **Milk Chocolate:** Switzerland's Daniel Peter, with help from his neighbor Henri Nestlé, created the first milk chocolate bar in 1875. But the first person to add milk to the traditional cacao drink was English physician Sir Hans Sloane, who in the late 1600s brought cacao back with him from a trip to Jamaica. Apothecaries sold his milky concoction as a medicine, and in the 19th century the Cadbury brothers used his recipe to manufacture hot chocolate.

3) Americans

Even before they declared their independence from England, the American colonists were making chocolate. Physician Dr. James Baker and Irish immigrant John Hannon opened New England's first chocolate factory in 1765 at a water-powered mill in Massachusetts. Baker's Chocolate sold hard cakes of chocolate that the colonists ground and mixed with boiling water to make hot chocolate.

Chocolate was considered a staple, and it was made in America. The colonists imported only the raw materials, cocoa beans, from the West Indies. After the Townshend Acts of 1767 levied taxes on shipments of tea, drinking chocolate became patriotic.

While all classes drank chocolate, higher society followed the English tradition of serving it from china and sterling silver pots, mirroring the Mayans' penchant for elaborate, artistic vessels. In Colonial America, these prized pots were often stolen, as was finished chocolate.

During the Revolutionary War, Americans also copied the ancients' practice of using cacao as food for its fighters, including it in rations. The war presented some challenges to the colonists' chocolate habits, however, as cacao had to be smuggled past British warships. For similar reasons, Baker's Chocolate was closed for two years during the War of 1812.

In the United States, chocolate production proceeded more rapidly than anywhere else in the world.

In 1849, Domingo Ghirardelli began selling chocolate to Gold Rush miners, and in 1852 he opened a factory in San Francisco. The Ghirardelli Chocolate Company is America's longest continuously operating chocolate manufacturer.

Chocolate became more affordable after Milton Hershey visited the 1893 World's Fair in Chicago, bought equipment to make a chocolate coating for his caramels and later began mass producing milk chocolate bars at low prices. In 1905, to be near farms that could supply fresh milk, he opened a new chocolate factory in Pennsylvania that would become the world's largest.

Chocolate came into vogue as a baking ingredient in the early 20th century. In 1917, *The Candy Cookbook by* Alice Bradley was the first to feature a chapter of chocolate recipes. Not long after, in the 1930s, Ruth Wakefield invented Toll House Cookies in Whitman, Massachusetts. Legend has it she ran out of baking chocolate and mixed in chopped semisweet pieces, thinking they would melt into the batter. They did not, which created a pleasant surprise.

Americans' love of chocolate is so strong that they have carried it around this world—and into others.

During World War I, the United States Army Quartermaster Corps shipped 20- to 40-pound blocks of chocolate to Army bases in Europe, where they were chopped into individual sizes and inspired today's candy bars. The U.S. government included chocolate bars in rations for the Allied Armed Forces during World War II and still provides chocolate to the U.S. Armed Forces. Chocolate even has gone into space with U.S. astronauts.

(1) Present

Chocolate figures into the lives of people worldwide in various ways. For some, perpetuating a chocolate tradition is as simple as buying a heart-shaped box of truffles for their special someone each year on Valentine's Day.

Others carry out modern versions of the customs of their ancestors, honoring rituals forged thousands of years ago. Still others continue to use chocolate as medicine, as their forebears have done.

For people who live in cocoa farming communities, chocolate feeds the body as much as the soul—it influences the tasks they do every day and provides a key source of income to feed their families.

Get a taste of this section:

- **Cultural Importance:** What customs surround chocolate today?
- **Family Life:** What is life like on a cocoa farm?
- **Economics:** How is cocoa improving families' standard of living?
- **Sustainability:** See what chocolate companies are doing to encourage sustainable cocoa farming.

1) Cultural Importance

While cacao is no longer used as money, it plays a central role in cultures around the world today. Chocolate features in holidays and special occasions and to some extent still doubles as medicine.

And its use is on the rise, with global production of cocoa climbing 2 percent each year—and reaching approximately 3 million tons. For the past century, demand has climbed at 3 percent per year, outpacing production.

Who eats the most?

In 2010, Switzerland led, at 22 pounds per person. Austria and Ireland followed at 20 pounds and 19 pounds. The United States comes in at 11th place, with Americans gobbling nearly 12 pounds apiece each year.

Special Occasions

In the United States, many of the chocolate dollars spent go toward celebrating holidays, to bring home Valentine's hearts or Easter bunnies, Halloween candy, chocolate Santas or Hanukkah gelt.

In Mesoamerica, where humans first ate cacao, ritual use survives. In Mexico, hot chocolate may accompany festive foods for two Christian holidays, the 12 Days of Christmas and Candlemas. Mexicans also celebrate Dia de la Muertos (Day of the Dead) from October 31 to November 2 by giving balls, bars and drinks of chocolate to friends and family and honoring the deceased with chocolate offerings.

In a town in Central Sulawesi in Indonesia, it's easy to see how much the cacao farmers value cacao. They have built a statue that is nearly 20 feet high, simply a pair of hands holding a cacao pod.

In many cocoa farming villages, drying the beans is done as a collective effort, with farming families gathering to turn the beans and visit with one another. (See more about life on a cocoa farm.)

Medicinal Use

Throughout history, chocolate has been used to treat a wide variety of ailments—most commonly to help thin patients gain weight, to stimulate the nervous systems of feeble people, to calm those who are hyperactive, or to improve digestion and kidney function. It remains an important tool for the healers of today.

In Oaxaca, Mexico, traditional healers called curanderos give chocolate drinks to cure bronchitis and plant cacao beans in the earth to pay off evil forces and heal those who have espanto, sickness from fright. Children drink chocolate for breakfast to ward off stings from scorpions or bees.

Immigrants who moved from the area to the San Joaquin Valley of California continue to use chocolate as medicine—mixing it with eggs to fight fatigue, drinking it with herbal tea to lessen pain or combining it with cinnamon and rue to soothe upset stomachs.

In the Dominican Republic, chocolate drinks still are used to treat many kinds of illness, from sore throats to anemia to gastrointestinal illnesses to overworked brains.

The Kuna Indians of Panama drink five or more cups of chocolate each day—and have been studied for their notably low incidence of heart disease and cancer. Their shamans burn cacao beans as incense and diagnose a patient's illness by reading the smoke. The Kuna also use the smoke of cacao beans and chili pods to heal malaria and similar diseases.

In recent years, multiple studies have found chocolate can have positive heart health effects.

2) Family Life

Most cocoa-growing is a family affair.

Today's cocoa is still raised by hand, not by machine, through labor-intensive processes. Because the delicate cacao tree needs a narrow range of growing conditions and careful tending to thrive, large-scale cocoa production is not common. (See more about how cocoa is grown.)

The world's cocoa supply is grown by 5 million to 6 million farmers, according to the World Cocoa Foundation Most cocoa comes from small family-owned farms.

On these farms, the whole family works together with varying roles to plant seedlings, clear or thin the forest canopy, prune and watch over the cacao trees, harvest and crack the pods, ferment and dry the beans, and carry the bags of beans— on their backs or on their heads—to the buying sheds, which may be far away.

At the sheds, cocoa merchants grade and weigh the beans, ready them to be shipped overseas and pay the farmer—providing an important source of income for the entire family.

The size of a family's income often is beyond their control: weather and diseases affect the trees' yield, and what families are paid for their beans fluctuates with world market prices. Money is often in short supply, and the work on a tropical farm involves physical labor. Family members also must grow their own food, tend their animals and make their clothes. They complete these and other household chores as a team.

Farmers gather in the village—the center of the community—to discuss farming techniques, cocoa prices or village affairs. Villagers come together to dry their cocoa beans in the tropical sun, spreading the beans on mats or on the ground and keeping each other company as they rake and sort through their results of their harvest. People also head to the village to celebrate a fruitful harvest or other important events.

On most days, children from surrounding farms walk to the village school, where they sit together in a large classroom and learn math, history and English. Once class is out, they play soccer and other games with their friends before starting their journeys back to the farms

Through programs such as the World Cocoa Foundation's (WCF) Empowering Cocoa Households with Opportunities and Education Solutions (ECHOES) Alliance, children, youth and young adults living in cocoa-farming communities in West Africa have additional educational opportunities.

They learn about leadership or entrepreneurship in or out of school, help plant school gardens or cocoa demonstration plots through agriculture clubs, take functional literacy training or participate in activities to raise awareness of child labor, HIV/AIDS and malaria. ECHOES also offers Family Support Scholarships that help mothers increase family income and support children's education.

Children on Cocoa Farms

As in many other countries and for many other crops, children on cocoa farms help their parents as part of cultural tradition. The extra pairs of hands are needed to bring a successful harvest, and learning farming tasks serves as a first step in transitioning children to one day take over the family farm.

However, during the last 10 years, surveys commissioned by the governments of Cote d'Ivoire and Ghana found that too many children participate in unsafe farming tasks: using dangerous farm tools, applying pesticides or carrying heavy loads. The research also uncovered that children sometimes were injured or skipped school to work on the farm.

In response, the global chocolate and cocoa industry has focused significant resources and developed important partnerships in this area. The industry has worked for more than 10 years and spent $75 million with partners in Cote d'Ivoire and Ghana, and in other international organizations, to help families and children in cocoa farming communities. In the West African cocoa sector, some 40 industry and individual company programs focus on social and economic issues.

In the fall of 2010, the industry joined the U.S. Department of Labor, U.S. Senator Tom Harkin, U.S. Representative Eliot Engel and the governments of Ghana and Cote d' Ivoire in a new partnership

The industry has pledged $7 million toward this effort to foster safe, healthy and productive environments for children and families by addressing hazardous labor practices, improving the livelihoods of farming families and ensuring that children have access to quality education.

3) Economics

Around the world, 5 million to 6 million cocoa farmers—and 40 million to 50 million people total—depend on cocoa for their livelihood. The World Cocoa Foundation (WCF), which provided these estimates, puts annual cocoa production worldwide at 3.8 million tons valued at $11.8 billion. For the past century, demand has grown 3 percent per year.

Cocoa is an especially critical export for the West African nations such as Ghana and the Cote d'Ivoire that source more than 70 percent of the world's cocoa.

Cocoa is traded on the world market as a global commodity. Its price can fluctuate daily, depending on—and affecting—supply and demand around the world. Supply and demand depends on many factors. For example, too many beans on the world market can cause prices to drop, leaving farmers without the cash needed to cultivate their crops, which ultimately lessens supply. Adverse weather or tree disease can shrink supply as well.

Cocoa beans come to the market when farmers sell to buying sheds in their local communities. Their beans are mixed with their neighbors' beans and sold through contracts to larger traders, then to exporters or processors. Beans brought to a local market today may have been bought while they were still on the tree.

Farmer Economics

Sustainable growing methods in use today, such as growing cacao in shade and using low-cost biocontrol measures to cultivate the trees, enable farmers to be more self-sufficient—from their own farms, they can harvest fruit and meat, build shelters, procure fibers for weaving and produce enough cacao and other products to supply income for the family.

Shade cacao farmers make more money than they would by growing cacao alone, because they gain additional income from the shade tree crops. These crops also provide a backup source of income should the cacao crop fail or world prices drop.

In addition, this system eliminates the need for the farmer to clear more land, saving the rainforest and enabling the farmer to reap diverse harvests from the same land for years to come.

Industry Assistance

Given the significant benefits that sustainable growing presents to farmers, the global chocolate and cocoa industry conduct on-the-ground programs in cocoa-growing regions. There, they share with growers the methods that can produce more income and security.

These programs convey to small farmers the company knowledge gleaned from research in bio-control and bio-technology—to the benefits of the trees, the farmers and consumers the world over who desire a steady supply of chocolate.

For example, farmers are now earning between 20 percent and 55 percent more from their crops through the WCF programs. One such effort is the Farmer Field Schools, which support cocoa farmers with practical on-the-ground assistance and agricultural best practices that help them grow a better quality cocoa crop and more of it. Farmers also learn how to diversify their crops to and how to get them to market easier.

In addition, the WCF's Cocoa Livelihoods Program is reaching at at least 165,000 smallholder, cocoa-growing households in West and Central Africa, in partnership with the Bill & Melinda Gates Foundation and numerous branded manufacturers. The overall goal of this program is to increase farmer income while strengthening local service capacity, through improved marketing, farm production efficiency and quality and farmer competitiveness on diversified cocoa farms.

These programs are valuable because increasing cocoa farmers' incomes improves communities and supports better nutrition, health care and children's education—and makes a positive difference in the family's quality of life.

For nearly a decade, the industry has been working together to bring about positive and sustainable change to the way cocoa is grown and harvested in West Africa. During this time, the industry has invested more than $75 million on education, farmer training, agricultural improvement programs, health programs and more.

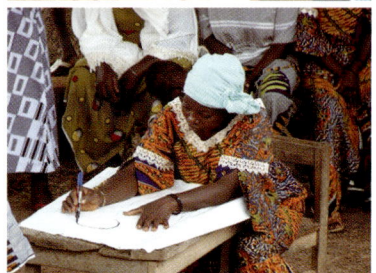

In 2009–2010 alone, industry will have spent more than $40 million on projects across West Africa and impacted more than three million direct and indirect beneficiaries, including hundreds of thousands of cocoa farming families and more than one million children.

Individual companies also are encouraging sustainable cocoa farming through their own efforts. Learn about certifications and farmer programs from ADM, Barry Callebaut, Blommer Chocolate Company, Cargill, Ferrero, Guittard Chocolate Company, The Hershey Company, Kraft Foods, Mars and Nestle that govern how a chocolate product is produced.

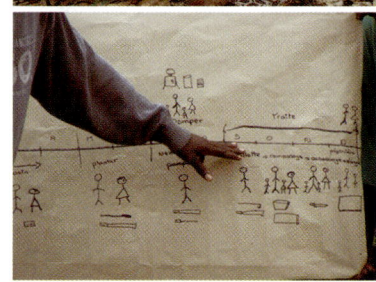

4. Savor It

To bite the corner off a glossy chocolate bar, then feel it melt and swirl slowly on the tongue, can be divine. With its 1,500 flavor compounds, chocolate provides plenty to contemplate. It can seem fruity or spicy, earthy or sweet, or like lavender or lemons or liqueur—the list goes on and on.

Chocolate's smooth texture helps make it wonderful. While the unmistakable chocolate taste gets all the glory, cocoa butter provides chocolate's creamy goodness because it melts just below body temperature. Most chocolatiers add extra amounts when they make their chocolates.

Enjoying chocolate is all about discovering what you like best. Taste many kinds— dark, milk and white—to appreciate the subtle flavors. Learn about labels so that you can choose the chocolates that match your preferences. And join countless cocoa farmers and others throughout history and throughout the world who have used chocolate in rituals to celebrate, to heal—and to savor.

Get a taste of this section:
- **Indulging:** What are some tips for tasting chocolate? What are the best recipes?
- **Understanding the Label:** What do the certifications mean? And how does cacao percentage affect the taste?
- **Chocolate's Allure:** Why is chocolate so irresistible?

(1) Indulging

The best part of chocolate is simply eating it. Whether that means a mid-afternoon treat, a celebratory birthday cake, a fancy dessert made with extra rich ganache or a chocolate bar derived from single-origin beans is up to you.

Either way, chocolate provides many complex flavors meant to be enjoyed.

Get a taste of this section:
- **How to Taste It:** What's a good way to explore chocolate flavors?
- **Recipes:** What do chocolate makers—who eat, breathe and live this delicious food—make with this divine ingredient?

1) How to Taste It

Tasting chocolate can be as simple as ripping open a bag and digging in.

But to fully appreciate chocolate, you should experience as many of its moods and flavors as possible. Here's how to do a more formal tasting.
- **Sample Several:** Buy several different kinds. Try white, milk and dark. Experiment with chocolates you've never had before. Choose various brands, cacao percentages and countries of origin. Select different varieties of beans—rare Criollo, and Forastero and Trinitario. Experiment with unusual add-ins, such as chilies, sea salt or bacon.
- **Arrange Them:** Lay them out, from light to dark, and from lower cacao percentages to higher.
- **Sense Your Chocolate:** Notice the gloss and color of each chocolate. Color may be a clue to its taste; darker colors generally have a richer flavor. However, lighter colors may actually be an indication of the bean's characteristics, rather than the chocolate's cacao content or the presence of milk. Starting with the chocolate with the lightest color and lowest cacao percentage, break off a piece. Listen for a

sharp snap, which indicates freshness and quality. Dark chocolate, with its higher concentration of cocoa liquor, will have the cleanest break.

- **Breathe It In:** Next, bring your chocolate to your nose and inhale its aroma. A chocolate's aroma will vary depending on its variety, where it's from and how it was made. A chocolate may be reminiscent of fruits, nuts, spices, flowers, herbs, dairy products, sugar, alcohol, bread or wood. Its scent may even be like a color—green for grass or purple for tartness.

- **Taste It:** Bite off a small amount, and let it melt on your tongue. Then bite another small piece and chew it slowly. Notice how creamy it feels in your mouth and whether it melts all the way. Higher—quality chocolates often have a smoother texture.

  Feel the flavors swirl. Dark chocolate is the most complex. Pay attention to the different flavors of the ingredients—the cocoa, the sugar, the vanilla. You may taste the same characteristics that you could smell when breathing in that particular chocolate, or you may find that the flavors differ from the aromas. Blackberry, butter, brown sugar, mint, coffee, pepper, even wine or ash—the list goes on and on. These are all flavors that may appear in the chocolate itself, even if those ingredients weren't added at the factory.

- **Repeat:** Cleanse your palate with a bland, unsalted cracker or a slice of green apple and a sip of water or seltzer. Then try the next in line; sample them all!

2) Recipes

A good way to fully enjoy chocolate is to eat it in as many forms as possible.

To get your creative juices flowing (and your mouth watering), try a few recipes from the true experts—master chefs at some of America's biggest chocolate manufacturers.

- Baked Goods
- Beverages
- Confectionery
- Savory

(2) Understanding the Label

Chocolate comes in so many shapes, sizes, types and recipes that it's tempting to try them all. First, you need to decide if you want dark, milk or white. With so much variety available, figuring out what to buy can be a head-scratcher.

Luckily, the label can provide important clues as to what's inside—once you know what the labeling means. This quick guide can help you sort it out.

Get a taste of this section:

- **Certifications:** What's the difference between fair trade and organic—and what do the other programs stand for?
- **Cacao Percentages:** Does cacao percentage tell me how a chocolate will taste?

Certifications and Sustainability

Because sustainable growing can convey substantial benefits to farmers, members of the global chocolate and cocoa industry visit farmers to share knowledge gained through research in bio-control and bio-technology. These programs share techniques that can give the farmers more income and security.

Certifications on a chocolate product share information about how the cacao in it was produced, and under what conditions. They can help guide buying decisions.

Companies also may participate in one or more programs that govern how a chocolate product is produced, but your chocolate may not be labeled as such.

The following are a few certifications that you may recognize on a wrapper when buying chocolate.

- **Fair Trade USA:** Fair Trade Certification principles include fair price, fair labor conditions, direct trade, democratic and transparent organizations, community development and environmental sustainability.

  Fair Trade USA, a non-profit organization, is the only independent, third-party certifier of Fair Trade products in the U.S. and one of 20 members of Fairtrade Labelling Organizations International (FLO).

- **Rainforest Alliance:** The Rainforest Alliance works to conserve biodiversity and ensure sustainable livelihoods by transforming land-use practices, business practices and consumer behavior.

  Rainforest Alliance Certified agricultural and wood products are derived from farms and forests where water, soil and wildlife habitat are conserved, where workers are treated well, where families have access to education and health care and where communities benefit.

- **USDA Organic:** USDA Organic is part of the National Organic Program. For more information, explore Should I Purchase Organic Foods?

  Organic production is a system that is managed in accordance with the Organic

Foods Production Act (OFPA) of 1990 and regulations in Title 7, Part 205 of the Code of Federal Regulations to respond to site—specific conditions by integrating cultural, biological and mechanical practices that foster cycling of resources, promote ecological balance and conserve biodiversity. The National Organic Program (NOP) develops, implements and administers national production, handling and labeling standards.

- UTZ CERTIFIED: UTZ CERTIFIED works together with major stakeholders from industry, government and civil society to achieve a more sustainable cocoa sector. UTZ CERTIFIED operates on the farmer first principle. Using its experience in coffee, UTZ CERTIFIED is committed to making a difference for and with the cocoa sector. The goal of the program is to create an efficient certification program for socially and environmentally responsible cocoa production that meets the needs of both producers and markets.

To support up—scaling of the initiative, UTZ CERTIFIED allows flexibility in the supply chain in terms of the processing and handling of UTZ CERTIFIED cocoa and cocoa products.

Company Programs

Learn about the programs in which these manufacturers are involved:

ADM

Armajaro Trading LTD

Barry Callebaut

Blommer Chocolate Company

Cargill

Ferrero

Guittard Chocolate Company

The Hershey Company

Lindt—Ghirardelli

Mars Chocolate

Mondelez International

Nestle

The International Cocoa Initiative (ICI)

The World Cocoa Foundation (WCF)

Cacao Percentages

When you see "% cacao" printed on a label, it refers to the total percentage of ingredients by weight in that product that come from the cocoa bean, including the chocolate liquor and cocoa butter. The term is found most often on premium chocolates, especially dark chocolate. (Learn about the differences between dark, milk and white chocolate.)

It's a guide to specific flavor intensity. The numbers point to milder or deeper chocolate flavor. Finding this number on the label can help you choose a chocolate that matches your taste preferences or your recipe's needs.

What do the numbers indicate? Higher cacao percentages equal the following:

- **Greater Flavor Intensity:** In general, a higher "% cacao" lends a more intense chocolate flavor. For example, the United States cacao standards require a milk chocolate to contain at least 10 percent chocolate liquor. Semisweet or bittersweet chocolate must contain at least 35 percent chocolate liquor, resulting in a higher "% cacao" and a more intense chocolate flavor.

Remember that cacao percentage refers to cocoa butter as well. With white chocolate, the entire "% cacao" comes from cocoa butter, so it has a very different flavor profile.

- **Less Sweetness:** A higher "% cacao" means less added sugar. For example, a 72 percent cacao dark chocolate has roughly 12 percent less sugar than a 60 percent cacao dark chocolate. Unsweetened baking chocolate is 100 percent cacao with no added sugar, and it is very bitter.
- **Varying Amounts of Flavanol Content:** Chocolate has received much positive news from health researchers because of its flavanols. While these compounds are present in chocolate liquor and cocoa powder, actual levels of flavanols in a particular product may fluctuate widely depending upon the recipe, cocoa beans used, processing practices, and storage and handling conditions. Therefore, "% cacao" may not necessarily indicate a chocolate's flavanol content.

You may also see the term "% cocoa" interchangeably with "% cacao." On these products, the "% cocoa" refers to the total content of ingredients from cacao, not cocoa powder.

Common Terms

To ensure that buyers get what they expect, the U.S. Food and Drug Administration established Standards of Identity that describe components of chocolate. In response to their customers' interest, many chocolate manufacturers now voluntarily show these terms on their products' labels:

- **Cacao:** Refers to the bean, which is the source of chocolate liquor, cocoa butter and cocoa powder.
- **Chocolate Liquor:** Produced by grinding the center of bean, called the nib, to a smooth, liquid state. Chocolate liquor is also called chocolate, unsweetened chocolate, baking chocolate, bitter chocolate, cocoa solids, cocoa mass, cacao mass and cocoa paste.
- **Cocoa Butter:** The fat naturally present in cacao beans that melts at body temperature and gives chocolate its unique mouthfeel.

- **Cocoa or Cocoa Powder:** The product made by pressing most of the cocoa butter out of the cocoa bean and grinding the rest to a powder. Under U.S. regulations, "cocoa" and "cocoa powder" can be used synonymously.

(3) Chocolate's Allure

For the past 4,000 years, chocolate has held allure for cultures worldwide as a medicinal cure, a holiday celebration and a ritual drink. (See more about various peoples' past use of cacao, and about its present—day cultural roles.)

Spiritual Connections

With chocolate's longstanding magical and mythical properties, it's only fitting that the name of the tree it comes from, *Theobroma Cacao*, means "food of the gods."

Ancient Mesoamerican art, depicting cacao gods and goddesses, rituals, and cacao in sacred caves and mountains, indicates the cacao tree may have been seen as connecting the gods and humans, heaven and earth. Myths also surround the cacao tree as a gift from the gods, or cacao beans as sustenance given by the gods.

Romance

In later years, chocolate came to be associated with a different kind of divinity—that of love.

Both Montezuma and Casanova proclaimed chocolate an aphrodisiac, and the Marquis de Sade was arrested soon after hosting a ball where he reportedly spiked the chocolate pastilles with Spanish fly, causing quite an amorous gala. Care package wish—lists he sent to his wife from prison included crème au chocolate, large chocolate biscuits and more of the troublesome chocolate pastilles.

Chocolate is of course a traditional gift for the gentler, sweeter Valentine's Day, for which legends also abound. Saint Valentine's identity is unclear, as is much of chocolate lore, but some say he was a priest—turned—saint who secretly married young lovers.

Reportedly, the Church created Saint Valentine's Day as a cover for a pagan fertility festival it wished to end. Either way, chocolate's reputation as an aphrodisiac—and its easy melting, symbolic of the melting of the heart—makes it a natural choice for this celebration of love and romance.

Advertising

Over the years, advertising may have invited some of chocolate's allure.

To this day, ads position chocolate as a luxurious indulgence. The cultivation of chocolate's allure began in the late 1800s, when the invention of chocolate machinery lowered the price of chocolate and put it within reach of many more people. Soon elaborate trade cards that shopkeepers could display became popular, and the chocolate-eating public began collecting them along with chocolate treats. The cards and posters that followed associated chocolate with children and purity and, paradoxically, with grand adventures, energy and strength.

In the 1930s, when chocolate was considered nutritious and household income was going up, chocolate-makers first began developing products and packaging that appealed to children—opening a new and enduring audience.

Mood-Elevating Compounds

Why do so many people proclaim to love chocolate? Maybe it's because chocolate gives them the feeling that they're in love. At least that's what some people say phenylethylamine (PEA), a chemical in chocolate, does when it's released in the human brain. The theobromine and trace amounts of caffeine in chocolate also may produce a stimulant effect, say others.

There is no scientific evidence, however, that chocolate is addictive. Instead, people who desire chocolate likely do because of its sensory properties, its melting sensations and intense taste. Its aroma and flavors are highly complex. More than

500 compounds responsible for aromas have been found in roasted cocoa beans, and chocolate has more 1,500 flavor compounds—three times the number found in wine.

The Chocolate 더 초콜릿

초판 1쇄 인쇄일 ｜ 2014년 1월 10일
초판 1쇄 발행일 ｜ 2014년 1월 14일

지은이 ｜ 한국초콜릿연구소
펴낸곳 ｜ 북마크
펴낸이 ｜ 정기국
책임편집 ｜ 이현건
편집 ｜ 조문채 / 김병민 / 신동경
사진 ｜ 박영도 / 박승호
디자인 ｜ 구정남 / 서용석 / 최원용
관리 ｜ 안영미

주소 ｜ 서울특별시 중구 퇴계로42길 26(중앙빌딩 2층)
전화 ｜ (02) 325-3691
팩스 ｜ (02) 335-3691
홈페이지 ｜ www.bmark.co.kr
등록 ｜ 제303-2005-34호(2005.8.30)
ISBN ｜ 978-89-92404-94-5 13590
값 ｜ 28,000원